工程测量与地理信息技术研究

王玉柱 赵 臻 李 明 著

中国原子能出版社

图书在版编目（CIP）数据

工程测量与地理信息技术研究 / 王玉柱，赵臻，李明著. -- 北京 ：中国原子能出版社, 2024. 9. -- ISBN 978-7-5221-3667-7

Ⅰ. TB22；P208.2

中国国家版本馆 CIP 数据核字第 20247C1W68 号

工程测量与地理信息技术研究

出版发行　中国原子能出版社（北京市海淀区阜成路 43 号　100048）

责任编辑　张　磊

责任印制　赵　明

印　　刷　北京厚诚则铭印刷科技有限公司

经　　销　全国新华书店

开　　本　787 mm×1092 mm　1/16

印　　张　12.25

字　　数　182 千字

版　　次　2024 年 9 月第 1 版　2024 年 9 月第 1 次印刷

书　　号　ISBN 978-7-5221-3667-7　　　定　价　**78.00 元**

前　言

　　随着科技的发展与社会的进步，工程测量学逐渐从普通测量学中独立出来，成为一门相对独立的学科。其主要目的在于为各类工程建设提供测量服务和空间位置信息。随着建筑规模的扩大和建筑数量的增加，现代建筑工程对质量提出了更高、更严格的要求。现代工程测量不仅涵盖了静态工程的测量，还包含了动态工程的物理测量、结果分析以及对物体发展趋势的详细预测。

　　在建设工程的前期，做好测量工作至关重要。这需要全面了解施工区域的地质、气候等具体情况，以确保后续工作的顺利进行，并进一步优化设计方案。工程测量在勘测设计、施工、竣工、运营养护及管理等各个阶段都起着严格把关和技术保障的作用。在建筑领域，工程测量贯穿整个工程建设过程，是不可或缺的重要环节。利用地理信息系统技术可有效提高测量精度。新技术的不断涌现，深刻改变了工程测量的内涵和手段，同时也进一步扩展了其服务领域。

　　为确保本书的准确性和严谨性，笔者在撰写过程中参考了大量资料及其他学者的研究成果，对此表示衷心的感谢。由于笔者水平有限，本书难免存在错误和疏漏，敬请同行专家和读者批评指正。

目　录

第一章　工程测量的基础知识

第一节　工程测量研究的对象与特点

一、工程测量研究的对象与特点

（一）工程测量的定义

工程测量作为一门应用性学科，专注于研究地球空间中具体和抽象几何实体的测量理论、技术和方法。它主要应用于工程和工业建设、城市规划、国土资源开发，以及水陆交通和环境工程的灾害减轻与救援等领域。此外，工程测量还涉及地形和相关信息的收集与处理、施工放样、设备安装、变形监测与预测分析，以及相关的信息管理和应用。

（二）工程测量的对象及特点

由于工程测量服务的目标群体庞大，其涵盖的范围也相当广泛。根据服务对象的不同，工程测量内容可大致分为以下几类：工业和民用建筑工程测量，水利和水电工程测量，铁路、公路、管线和电力线架设等线路工程测量，桥梁工程测量，矿山工程测量，地质勘探工程测量，以及隧道和地下工程测

量等。从工程建设的先后次序和相关任务的特性来看，工程测量可以划分为三个主要阶段。

1. 勘测设计阶段的测量工作

在工程的勘测和设计阶段，需要各种比例尺的地形图、纵横断面图以及特定点位的样本数据，这些都必须通过测量工作来提供，或到实地进行定点、定线。

2. 施工阶段的测量工作

设计完成并获得所有批准后，工程进入施工阶段。此时，需要在实际工地上标定设计的工程位置，作为后续施工活动的参考依据。在建设过程中，还需要对整个工程进行细致监控，以确保工程高质量完成。

3. 工程竣工后营运管理阶段的测量工作

工程竣工后，需测绘工程竣工图或进行工程最终定位测量，作为工程验收和移交的依据。对于大型和重要工程，还需对其安全性和稳定性进行监测，以保障工程的安全运营。

显然，工程测量是一门以各种工程建设对测量需求为中心，研究测量理论、方法和仪器设备的学科。它在国民经济建设和国防建设中发挥了极其重要的作用。

二、工程测量的分类

不同工程的具体测量内容有所不同，现举几例说明。

（一）工业与民用建筑工程测量

工业与民用建筑工程测量是指在工业与民用建筑工程的勘测、设计、施工、竣工验收和运营管理过程中进行的测量工作。具体包括以下几项。

1. 测绘地形图

在建筑勘测和设计过程中，需要在建筑区域内绘制地形图、纵向和横向断面图，以及进行定点放样等多种测量任务，为建筑物的详细设计提供必要的地形信息。由于测量任务仅在一个很小的范围内进行，操作过程中可以忽略地球曲率的影响，只需遵循常规操作流程即可达到所需的精度标准。

2. 利用地图

设计建筑物时，追求经济、合理、实用、美观和环保的原则。为此，需要运用地图制图学的原理和技术，在图纸上精确测量距离、角度等关键参数，确定建筑物在图中的确切位置，并为实地标定提供必要的测量数据。

3. 工程放样

建筑物进入建设阶段时，必须依据设计图纸和要求，通过精确的测量定位、放线和标高测量，确保其在施工作业面上的平面位置得到准确标定。此外，在建筑施工全过程中，必须持续对建筑进行安全检查，为施工活动提供必要的参考和指导。

4. 竣工及营运管理中的测量工作

建筑物完工后，需要进行竣工图及相关点、线位置的测绘，作为验收工作的参考依据。建筑物交付使用后，还需进行沉降、水平位移、倾斜、挠度、裂缝的观测，以监控其在各种外界因素影响下的安全性和稳定性，为建筑物的安全使用提供测绘保障。

（二）线路工程测量

线路工程涵盖了公路、铁路、输电线路、输油线路、灌溉渠道以及各类地下管道等多个方面的工程项目。在勘测设计、施工建设、竣工验收以及营运管理的各个阶段，各类线路工程的测量任务统一被称为线路工

程测量。

线路的初步测量是基于计划任务书所规定的修改准则和线路的主要方向，通过对几条具有较高价值的线路进行实地考察，从而筛选出最合适的设计方案，并为初步设计文档的编写提供必要的参考资料。主要的测量内容包括控制测量、高程测量、纵、横断面测量以及地形测量。

线路定测是基于已获批准的初步设计文件和确定的最佳线路方向及相关构筑物的布局方案，将图纸上初步设计的线路和构筑物位置测设到现场。然后，根据现场具体情况，对不能按原设计的部分进行局部线路调整，为施工图提供设计资料。其涵盖的内容包括中线的测定、高程的测定以及纵向和横向的断面测量。

（三）地质矿山工程测量

地质矿山工程测量通常指与地质找矿和矿物开采相关的各种测量任务。其中，与地质技术相结合的找矿方法的测量任务被称为地质勘探工程测量；与地球物理和地球化学勘探技术相结合的找矿方法的测量活动被称为物化探测量；与矿物开采相关的测量任务被称为矿山工程测量。地质矿山工程测量的主要内容集中在以下几个核心领域。

（1）按地质勘查工作的需要，提供矿区的控制测量和各种比例尺的地形图等基本测绘资料。

（2）根据地质勘探工程的设计，在实地定点、定线，提供工程的施工位置和方向，指导地质勘探工程的施工。

（3）及时准确地测定已竣工工程的坐标和高程，为编写地质报告和储量计算提供必要的测绘数据和资料。

（4）在矿山设计、施工和生产阶段测绘各种大比例尺地形图，进行建筑物及构筑物的放样、设备的安装测量、线路测量等工作，生产时需随时进行巷道标定与测绘、储量管理和开采监督、岩层与地表变化的观测与研究、露天矿边坡稳定性观测与研究等。

（四）军事工程测量

军事工程测量是在军事工程建设的各个阶段，如勘查、设计、施工和运营管理中进行的一系列测量活动，其目的是为各类军事工程建设提供准确的数据和地形图，确保工程能够按照预定设计完成并安全、有效地投入使用。该项目主要涵盖军事道路的测量、地下军事工程的测量、军港的测量、机场的测量、靶场工程的测量、军事设施的测量以及军事工程建筑物和构筑物变形观测等多个方面。

第二节　工程测量研究的任务和作用

一、工程测量的主要研究任务

工程测量的核心研究职责涵盖了：提供模拟或数字化的地形信息；对测量数据及相关信息进行收集和处理；建筑施工的样品布置；对大型高精度设备进行安装及后续的调试和测量；对工业生产流程进行质量检查和管理；对于各种工程建筑、矿山以及地质病害区域进行变形监测、机制解读和预测；专门用于工程测量的仪器的开发和应用，以及与研究目标相关的信息系统的构建和使用等方面。

（一）地形图测绘

在进行工程规划和设计时，通常使用的地形图比例尺相对较小，但根据工程规模，可以直接采用1:1万到1:10万的国家地形图系列。在处理一些大规模的工程项目时，通常需要专门进行区域性或带状地形图的测绘工作，通常会采用航空摄影测量技术，并通过模拟法、解析法或全数字化法进行测绘。

对于比例在 1:2 000～1:5 000 的局部性或带状地形图，通常会使用地面测量技术，并通过模拟图纸或数字计算机辅助制图方法进行绘制。在施工、建设和运营管理的各个阶段，通常需要绘制 1:1 000、1:500 或更大比例尺的地形图、竣工图或专题图，一方面是为了满足施工设计和管理的需求；另一方面是为了满足运营管理的需求。完成的图纸或特定主题的图纸应当与地籍图的测绘工作相融合。工程信息系统或专题信息系统依赖于各种大比例尺图作为其基础的地理信息资源。

（二）控制网布设

为了工程建筑的施工放样、验收及其他相关测量任务，我们建立了平面控制网络和高程控制网络。首级平面控制网的布设通常采用高精度测角网、边角网或电磁波导线等多种方式，并进一步通过插网、插点或导线进行加密处理。随着全球定位系统（Global Positioning System，GPS）技术的推广和应用，在许多大型工程中已开始采用 GPS 建立平面施工控制网，并用动态 GPS 技术进行施工放样工作，这对提高施工测量的效率十分有益。首级高程控制网络通常是高度精确的水准网络，随后采用较低级别的附加水准路径或节点水准网络进行加密。当地形波动较大时，可以选择使用电磁波三角高程测量或解析三角高程测量来替代相应级别的水准测量。

（三）建筑物施工放样

施工放样是一种将设计中的抽象几何实体（或称为测设）转化为实际几何实体的测量方法和技术，机器和设备的安装也被视为一种放样方式。放样和测量的基本理念是一致的，所采用的工具和技术也是一样的，但它们的目标不同。在施工放样过程中，通常会采用方向交会法、距离交会法、方向距离交会法、极坐标法、坐标法、偏角法、偏距法和投点法等多种方法。除了常见的光学、电子经纬仪、水准仪和全站仪，还有一些特定的仪器设备。现在，GPS 技术也可以应用于工程施工的放样、施工机械的导航定位以及建筑

物部件的安装定位。

（四）建筑物竣工测量

竣工测量是一种确认施工是否符合设计要求的重要工作，通过测量实际完成的建筑物与设计图纸的对比，确保建筑物在功能及安全上的合规性。在这一过程中，必须使用精确的测量仪器来获取建筑物的坐标和高程数据，并与施工放样结果进行比对，以确保建筑物形态的准确性和符合设计标准。

（五）建筑物变形监测

工程建筑物及与工程有关的变形的监测、分析和预报是工程测量学的重要研究内容。变形分析和预测不仅需要处理变形观测数据，还涉及工程、地质、水文、应用数学、系统论和控制论等多个学科，是一个多学科交叉的领域。变形监测技术涵盖了几乎所有的工程测量技术，除了常规的仪器和方法之外，还广泛使用各种传感器和专用仪器。

二、工程测量研究的作用

工程测量这一学科的进步与现代科技的进步以及人类社会的生产行为都有着紧密的联系。随着学科领域的发展，工程测量已经从传统的土木工程测量演变为更为广泛的工程测量，这意味着它不仅限于地球测量，也不是国家地图集中的陆地测量，更不是公务测量中的实际测量任务，这些都被视为工程测量的一部分。

工程测量在我国的社会主义现代化建设中发挥着巨大的作用。

（一）工业方面

在工业方面，各种工业厂房的建设、设备的安装和调试都需要进行工程测量。

（二）交通运输方面

在交通运输的各个方面，如康藏公路、兰新铁路、安康铁路和成昆铁路等，都离不开工程测量的支持，因为工程测量是完成这些建设项目的关键保障。因此，在道路工程建设过程中，道路工程的测量任务具有不可忽视的重要性。在进行公路建设时，为了找到一条既经济又合理的路线，首先需要进行详细的路线勘查。这包括绘制带状地形图和纵、横断面图，其次在纸上进行路线的定线和设计。最后，在地面上标定设计好的路线平面位置、纵坡和路基边坡，以便为施工提供指导。在计划建设跨越河流的桥梁之前，有必要先绘制河流两侧的地形图并测量桥梁轴线的长度和桥位位置的河床断面，以便为桥梁的方案选择和结构设计提供必要的数据支持。在选择穿越高山的隧道路线时，需要绘制隧道位置的地形图，并确定隧道的中线、入口、竖井等关键位置，以便为隧道的设计提供关键数据。

综合来看，无论是道路、桥梁还是隧道的勘查、设计还是施工，测量技术都是不可或缺的环节。因此，作为一名专注于道桥领域的技术专家，你必须掌握测量学的核心理论、基础知识和关键技能，这样才能为我国的交通建设做出实质性的贡献。

（三）水利建设方面

在水利建设的各个方面，包括各类水库、水坝、引水隧洞以及水电站工程，如三峡工程、长江葛洲坝工程、黄河小浪底工程、二滩电站和南水北调工程等，不仅需要在地基清理、基础浇灌、模板竖立、隧道开挖、厂房建设和设备安装等环节进行工程测量，而且在工程完工后还需要进行长期的变形监测，以确保大坝和堤坝的安全性。

（四）国防工业和军事工程建设方面

在国防工业和军事工程建设领域，配合各种武器型号试验，以及卫星、

导弹和其他航天器的发射，都进行了大量的军事工程测量工作。通过工程测量，我们为其提供了坚实的支撑。

随着时间的推移，工程测量在我国的建设中扮演的角色日益凸显，与其他学科之间的联系也变得更加紧密。一方面，工程测量中遇到的问题需要借助测量学、摄影测量与遥感、地图制图、地理学、环境科学、建筑学、力学、计算机科学、人工智能、自动化理论、计量技术和网络技术等前沿技术和理论来解决；另一方面，通过在工程测量领域的实际应用，这些新兴的科学领域也变得更加充满活力。例如：GPS、GIS 和 RS（遥感影像）应用于工程勘测、资源开发、城市和区域专用信息管理系统及工程管理信息数据库；CCD 固态摄影机使立体视觉系统迅速发展，应用到三维工业测量系统中；机器人技术应用于施工测量自动化，传感器技术和激光技术、计算机技术促进了工程测量仪器的自动化。这些新技术、新理论不断充实工程测量，成为工程测量不可或缺的内容，同时也促进了工程测量学科的发展和应用。

在工程建设的每一个环节中，工程测量都扮演着至关重要的角色。更明确地说，在工程勘测的过程中，通过测绘地形图，为规划和设计提供了各种比例尺的地形图以及相关测绘数据；在工程设计过程中，使用地形图进行总体和详细规划设计；在工程建设的各个阶段，必须按照设计图纸上规定的标准，将建筑物和构筑物的平面位置以及高程准确地测量到现场，作为施工活动的基础依据；施工期间，进行土方的挖掘以及基础和主体工程的施工测量工作；施工期间，必须定期检查和核实施工及安装的各项工作，确保工程完全满足设计标准；在工程完工之后，还需进行竣工测量和绘制工程完工的平面图，以供未来的工程扩建和维护使用；在工程的管理和运营过程中，必须对建筑物和其他构筑物的变形进行监测，以确保工程能够安全运行。

显然，工程测量不仅为工程建设的各个环节提供了服务，它在整个工程建设过程中都起到了关键作用。测量的准确性和速度会直接决定整个工程的质量和进度。因此，工程技术人员必须深入了解工程测量的核心理论、知识

和技能，熟练掌握常用测量工具的操作方法，并对小地区的大比例尺地形图测绘技术有基本的掌握，同时也要正确使用地形图，并具备一定的施工测量技能。

第三节　测量工作的基本内容和原则

一、测量工作的基本内容

每一项工作都有其特定的内容，在执行过程中，我们必须坚守某些基本原则，并遵循特定的流程，这样才能确保工作的有序进行和质量的保障。测量任务的核心目标是为了准确地确定地表各个位置的平面坐标和高度，这涉及其独特的工作职责、基本原则和操作流程。

地球的表面呈现出高低不平的特点，散布着各式各样的地貌和地物。测量任务的核心是利用测绘技术来确定地面点的准确位置，即地面点定位。这一过程涵盖了测量和测设两个主要方面，其中前者主要是对实地地物和地貌位置进行精确测量，并据此在图纸上绘制相应的地形图；而后者则是根据设计坐标，在设计图纸上对地物进行实地的位置标定。在实际的测量过程中，通常不能直接确定地面点的坐标和高程，而是通过测量待定点与已知的坐标和高程点之间的几何关系，来推算出待定点的坐标和高程。例如，我们设定 A 点的坐标是已知的，而 P 点是待确定的位置。通过对角度值和边长 D 的测量，可以确定 P 点的具体位置。将 A 设置为已知的高程点，而 B 设置为待确定的点，通过量测 A 和 B 两点之间的高度差异，可以推算出 B 点的实际高程。

因此，测量任务的核心包括角度的测定、距离的测定以及高度差异的测定。确定地面点之间的相对关系时，角度、距离和高度差异是关键因素。

二、测量工作的基本原则

地表形态和地面物体的形状是由许多特征点确定的。在进行地形测量时，需要测定这些特征点（也称碎部点）的平面位置和高程，再绘制成图。如果从一个已知点出发逐点施测，虽然可以得到这些特征点的位置坐标，但由于测量工作不可避免地存在误差，导致前一点的测量误差传递到下一点，使误差积累起来，最后可能使点位误差达到不可容许的程度。因此，测量工作必须按照一定的原则进行。在实际测量中，应遵循以下三个原则。

（一）整体原则

整体原则即"从整体到局部"的原则。任何测量工作都必须先总体布置，然后分期、分区、分项实施，任何局部的测量过程必须服从全局的定位要求。

（二）控制原则

在进行测量工作时，首先需要在指定的测区内选取一些具有控制意义的点，其次使用精确的方法来确定它们的平面位置和高程，最后再根据这些点来确定其他地面点的位置。在进行测量任务时，那些具有控制功能的点被称为控制点，由这些控制点组成的几何结构被称为控制网，而对控制点位置进行精确测量的任务被称为控制测量。

遵循"先控制后碎部"的策略。首先，在测量区域内设置几个具有控制功能的点，这些点被称为控制点。其次，准确地确定了它们在平面上的位置和高程，接着基于这些控制点进一步确定了低级控制点和碎部点的具体位置。这一测量技术有助于减少误差的累积，并能在多个控制点上同时进行碎部测量，从而提高工作效率。

（三）检核原则

"步步检核"的理念被称为检核原则。在进行测量时，我们必须高度重视检查，确保不出现误差，并确保这些误差不会对接下来的测量任务产生不良影响。

在进行测绘工作之前，每一项成果都必须经过严格的检查和确认，只有在确认没有错误后，才能开始下一阶段的工作。如果中间环节出现任何一步的错误，那么未来的工作将会变得毫无意义。坚守这一原则意味着确保测绘的成果满足技术规范的标准。

由于某些测量任务是在自然环境中完成的，例如测量点与点的相对距离、边与边的水平角度等，这些被称为外业。从事外业工作的主要目的是获取必要的信息数据。某些任务是在室内完成的，例如进行计算和绘图，这被称为内业。不论从事哪一种职业，都必须以严肃的态度去执行，绝对不允许有任何失误出现。

第四节　工程测量的发展趋势及工作岗位要求

工程测量学专注于研究在工程建设和自然资源开发的各个环节中，如何进行控制测量、地形绘制、施工放样以及变形监测的相关理论和技术。它代表了测量学在国家经济和国防建设中的实际应用，涵盖了规划设计、施工建设、竣工验收以及运营管理等各个阶段的测量工作。在各个阶段进行的测量任务，其涉及的内容、采用的方法以及所需的标准都存在差异。

现代工程测量的进展和独特性可以总结为"六化"与"十六字"的概念。

"六化"指的是对内外业作业进行测量的整合；自动化地获取和处理数据；智能化地控制测量过程和系统的行为；对测量数据和产品进行数字化处理；对测量信息管理进行可视化展示；网络化的信息交流与分享。

"十六字"代表了：准确性、稳定性、迅速性、简易性、连续性、动态性、遥测能力以及实时性。

一、工程测量的发展趋势

随着传统的测绘技术逐渐走向数字化，工程测量的服务范围也在不断扩大，与其他学科的交融和交叉也在不断加强。新技术和新理论的引入和应用也在不断深化。因此，我们可以预见，工程测量将朝着数据采集和处理的一体化、实时化和数字化方向发展，测量仪器将朝着更加精确、自动化、信息化和智能化的方向发展，而工程测量产品也将朝着多样化、网络化和社会化的方向发展。

（一）大比例尺工程测图数字化

在工程测量中，大比例尺的地形图和工程图的绘制被视为核心的任务和内容之一。随着工程建设的规模不断扩大、城市的快速扩张、土地的高效利用以及地籍图的广泛应用，都迫切需要缩减绘图的时间并确保其数字化。

在过去的几年里，国内的大比例尺工程测绘数字化得到了飞速的进展，相关的测量设备和软件也在不断地进行更新。众多企业纷纷推出了性价比高的全站型速测仪以及 GPS 全球定位系统。在软件技术方面，如 CASS 测图软件、CSC 测图软件、清华山维发布的测图软件以及各测绘单位独立研发的测图软件等，都已经逐渐走向成熟。这使得中国的数字化测图技术从应用较少转变为主流的测图方法，为中国测绘的数字化和信息化进程做出了显著的贡献。

（二）工业测量系统的最新进展

自 20 世纪 80 年代起，现代工业生产步入了新的发展阶段。在这一过程中，许多新的设计和工艺要求对生产自动化流程、生产过程控制以及产品质

13

量检验和监测等方面进行了快速和高精度的测点定位，并为复杂形状的物体提供了三维数字模型。传统的工业测量方法，如光学和机械，很难实现这些测量。但是，通过使用电子经纬仪、全站仪和数码相机等传感器，并在计算机的指导下，工业测量系统能够轻松地完成工件的非接触和实时三维坐标测量，并对测量数据进行现场处理、分析和管理。相较于传统的工业测量技术，工业测量系统在实时性、非接触性、机动性以及与 CAD/CAM 的连接等多个方面展现出了显著的优势，因此在工业领域得到了广泛的采纳和应用。

1. 电子经纬仪测量系统

电子经纬仪测量系统（MTS）是一个由多个高精度电子经纬仪组成的空间角度前方交会测量系统。

经纬仪测量系统的硬件构成主要包括高精度的电子经纬仪、基准尺、接口，以及联机电缆和微机等。该系统采用手动对准目标、经纬仪自动读数和逐点观测的技术手段。

2. 全站仪极坐标测量系统

全站仪极坐标测量系统是一个由单台高度精确的测角和测距全站仪组成的三维坐标测量装置（STS）。全站仪极坐标测量系统在进行近距离测量时，选择使用免棱镜进行测量，这为特定环境下的距离测定提供了极大的便利。

3. 激光跟踪测量系统

SMART310 激光跟踪测量系统是激光跟踪测量系统的标志性产品。与传统的经纬仪测量系统相比，SMART310 激光跟踪测量系统能够全自动追踪反射装置，只需将反射装置移动到被测物的表面，就能实现该表面的快速数字化。鉴于干涉测量具有极高的速度，它尤其适合用于动态目标的实时监控。

4. 数字摄影测量系统

数字摄影测量系统是采用数字近景摄影测量原理，通过两台高分辨率的数码相机对被测物同时拍摄，得到物体的数字影像，经计算机图像处理后得

到精确的 x、y、z 坐标。美国大地测量服务公司（GSI）生产的 V-STARS 是数字摄影测量系统的典型产品。数字摄影测量系统的最新进展是采用高分辨率的数字相机来提高测量精度。另外，利用条码测量标志可以实现控制编号的自动识别，采用专用纹理投影可代替物体表面的标志设置，这些新技术也正促使数字摄影测量向完全自动化方向发展。

（三）施工测量仪器和专用仪器向自动化、智能化方向发展

施工测量任务繁重，现场环境复杂多变，因此施工测量仪器的自动化和智能化将是未来施工测量仪器发展的主要方向。这主要在以下几个领域得到体现。

（1）高精度的角度测量设备已经从光学角度测量转向了光电角度测量。光电测角技术可以自动地获取、修正、展示、保存和传递数据，其测角的精确度与光学设备持平，甚至可能超越光学设备。

（2）在精密工程的安装和放样设备中，全站型速测仪的发展速度是最快的。全站仪不仅具备自动测角、测距、记录、计算和存储的功能，还能在完备的硬件环境中进行软件开发，从而实现控制测量、施工测量、地形测量的一体化，以及支持中文显示的人机交互功能。

（3）随着时间的推移，精密距离测量设备的精确度和自动化水平都在不断提高。

（4）对于高精度的定向仪器，例如陀螺经纬仪，如果使用电子计时方法，其定向精度可以从"±20"增加到"±4"。当前，陀螺经纬仪正在朝着激光陀螺的方向发展。

（5）通过使用数字水准仪，精密高程测量仪器成功地实现了高程测量过程的自动化。

（6）工程测量专用仪器主要是指那些用于进行应变测量、准直测量以及倾斜测量等特定需求的专门设备。

（四）特种精密工程测量的发展

为了满足大规模精密工程建设的需求，通常需要进行高精度的工程测量。大规模的精密工程不只是施工过程中的复杂性和高难度，同时也对测量的准确性有很高的要求，因此有必要将大地测量学与计量学紧密结合。当使用高精度的测量和计量设备时，即使超出了测量范围，其相对精度也能达到 10^{-6} 或更高。

（五）工程摄影测量和遥感技术的应用

摄影测量和遥感技术因其非接触和实时的特性，在工程建设和监测领域得到了广泛应用，这主要在以下几个关键领域得到体现。

（1）在建筑施工阶段，采用地面立体摄影技术来验证构件装配的准确性。

（2）结合解析法地面立体摄影测量和航空摄影测量，我们进行了滑坡的监测和地表形态的观察。

（3）利用高精度的地面立体摄影技术来测量工程建筑和构筑物的外观以及其可能的变形情况。

（4）利用摄影测量的方法，为造船、汽车和飞机制造的公司进行了多种特性的测试。

二、工程测量的岗位要求

（一）对测量技术人员的要求

在工程建设过程中，主要的测量活动包括施工放样以及在质量检查阶段进行高程控制和定位检测。为了确保施工测量工作的顺利进行，测量人员需要注意以下几个关键方面。

（1）理解设计的初衷和图纸上的结构，并有能力对这些图纸进行精确的校验和审查。

（2）具备熟练掌握所用测量设备和工具的能力，并能定期对其进行维护和保养。

（3）应深入了解施工生产的各个环节，对建筑施工中的各个部分和子项目的施工流程有清晰认识，并能在施工过程中与其他工种进行有效的协作，以提供必要的测量服务。

（4）为了在测量过程中提高准确性并降低误差，我们需要深入了解施工规范中对测量的容许偏差。

（5）对于测量放线控制的成果和保护措施的检查，应由经验丰富的监理工程师来承担。

（二）常见工程测量岗位描述要求

1. 测量员岗位职责

（1）承担各种建筑项目的实地测绘任务，包括土方的测量、挖掘沟渠、渠道的测绘工作等。

（2）负责组织和执行现场的测绘任务，并对所得的测绘数据承担责任。

（3）确保测绘资料得到妥善的保存和保密措施。

（4）负责对测绘设备进行持续的维护和保养工作。

2. 测量工程师岗位职责

（1）领导测量组严格遵循施工技术规范、试验规程、测量规范和设计图纸进行测量，确保工程测量施工放线和占用、租用土地的测量工作得到认真和正确的执行，并在地面上标定其使用范围。

（2）负责完成工程的竣工测量工作，依据实际测量数据和竣工时的原始记录资料，完成工程质量的检查和评定表格，并据此绘制竣工图纸，同时参与施工技术的总结工作。

（3）确保测绘仪器的正确使用和妥善保护，同时也要对施工图纸和各类技术文件进行严格的保管。

3. 测量班长岗位职责

（1）根据施工组织的设计和施工的进度计划，制定项目的施工测量方案，并指导所有测量人员共同努力以确保其实施。

（2）负责确保施工放样工作的顺利进行，对于关键区域的放样，必须采用一种方法测量和多种方案复核的观测程序，并做好记录，然后报给内部监理进行签认。

（3）负责确保控制测量任务的顺利进行，熟知各个主要控制标志的具体位置，并妥善保护这些测量标志。

（4）负责向施工测量组提交现场测量的标志和结果，实施现场测量交底签认制度，并对测量组的工作进行检查和指导。

（5）定期检查和复核测量标志，以确保其位置的准确性。如果因为测量标志的变动导致任何损失，测量班长应当承担主要的责任。

（6）制定专人负责保管和定期维护测量仪器的规章制度，并建立了详细的仪器设备台账，以确保测量数据得到适当的保存。

（7）为测量人员提供指导，确保他们正确操作测量设备，并严格禁止与仪器无关或对其性能不熟悉的人员使用。

4. 监理测量部职责

在监理处长的指导和领导之下，监理测量部承担了整个线路的监理测量任务，其核心职责如下所述。

（1）为监理全程的测量任务提供指导，并为测量任务制定详细的监理执行规定。负责编制和完善各类测量施工监理表格，并构建本部门的数据资料和信息整理查阅系统。

（2）对承包人的测量设备和相关人员进行检查，并确保承包人严格按照规定进行测量设备的检定。

（3）全权负责全线的交接桩任务，对导线点和水准点进行检查和复核，确保承包人完成全线横断面的复测工作，严格按照规定要求督促承包人放样边线，批准承包人测量的内外业成果，并按照规定的频率要求进行复核。

（4）与工程部合作，解决与技术质量相关的问题。

（5）与合约部紧密合作，确保工程的计量和变动工作得到妥善处理，并在确认工程数量后进行签署。

（6）确保准时完成监理日志的填写，并撰写并对监理月报以及监理工作总结中的测量部分进行整理。

（7）与工程部合作，参与交付和竣工验收的相关工作。

5. 测量监理工程师岗位职责

（1）负责管理交接桩的相关工作，并严格按照规定的精度标准，对承包人的道路、桥梁、房屋控制线以及各种建筑物的基底标高和控制轴线进行监控。

（2）负责对承包商在水准点和其他控制点上的护桩状况进行检查，确保其完好无损，如有任何更改，必须在设计图纸上进行详细说明。

（3）对承包人的测量和放样工作进行检查和监督，根据规定进行随机抽查，并在仔细审核后进行签字确认。

（4）为确保工程计量的准确性，我们需要及时完成横断面和各种结构物的再次测量工作。

（5）对承包人提交的检测申请进行审查，并在现场进行检测后，对那些满足规定标准的申请进行签字确认；对于不达标的情况，应当迅速告知承包方和相关人员。

（6）确保及时完成监理日志的填写，并构建属于自己的数据管理和分类查询系统。

第二章　水准测量

第一节　水准测量的原理、仪器和工具

一、水准测量原理

测量地面上各点高程的工作，称为高程测量。高程测量根据所使用的仪器和施测方法不同，分为：① 水准测量；② 三角高程测量；③ 气压高程测量；④ GPS 测量。

水准测量是高程测量中最基本的和精度较高的一种测量方法，在国家高程控制测量、工程勘测和施工测量中被广泛采用。

（一）水准测量原理

水准测量原理是利用水准仪提供一条水平视线，借助竖立在地面点上的水准尺，直接测定地面上各点的高差，然后根据其中一点的已知高程推算其他各点的高程。

如图 2-1 所示，已知地面 A 点的高程为 H_A，如果要测得 B 点的高程 H_B，就要测出两点的高差 h_{AB}。

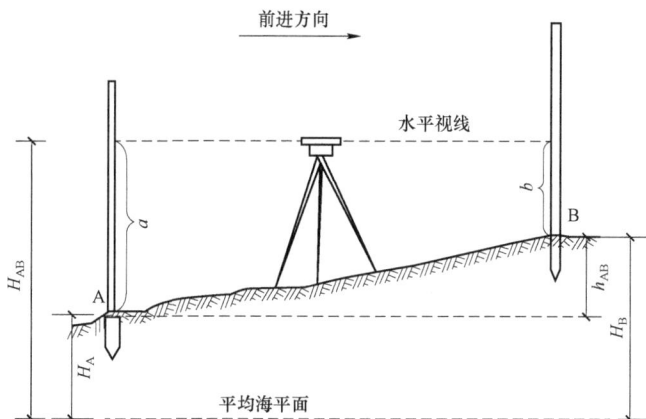

图 2-1　水准测量原理

欲测定 A、B 两点间的高差，在 A、B 两点各竖一根水准尺，在两点之间安置水准仪。测量时利用水准仪提供的一条水平视线，读出已知高程 A 的水准尺度数 a，这一度数在测量上称为后视度数。同时测出未知高程点 B 的水准尺度数 b，这一度数在测量上称为前视度数。A、B 两点的高差 h_{AB} 可由下式求得：

$$h_{AB} = a - b$$

也就是说，A、B 两点的高差等于后视度数减去前视度数。即 A、B 两点间高差：

$$h_{AB} = H_B - H_A = a - b$$

测得两点间高差 h_{AB} 后，若已知 A 点高程 H_A，则可得 B 点的高程。

$$H_B = H_A + h_{AB}$$

（二）水准测量方法

1. 高差法

根据已知点高程和两点之间的高差求未知点高程的方法称为高差法。

2. 视线高法

在给出的条件中 A 点的高程为已知，则 A 点的水平视线高就应为 A 点

的高程与 A 点所立水准尺上度数 a 之和。即：视线高＝后视点的高程＋后视尺的度数；则前视点的高程＝视线高－前视尺的度数

$$H^+ = H_A + a = H_B + b$$

这种由求得的视线高，根据已知点高程求未知点高程的方法称为视线高法（工程中常用的方法）。

上述测量中，只需要在两点之间安置一次仪器就可测得所求点的高程的方法叫作简单水准测量。

如图 2-2 所示，如果两点之间的距离较远，或高差较大时，仅安置一次仪器不能测得它们的高差，这时需要加设若干个临时的立尺点，作为传递高程的过渡点，称为转点。欲求 A 点至 B 点的高差 h_{AB}，选择一条施测路线，用水准仪依次测出 AP 的高差 h_{AP}、PQ 的高差 h_{PQ} 等，直到最后测出的高差 h_{WB}。每安置一次仪器，称为一个测站，而 P，Q，R，…，W 等点即为转点。

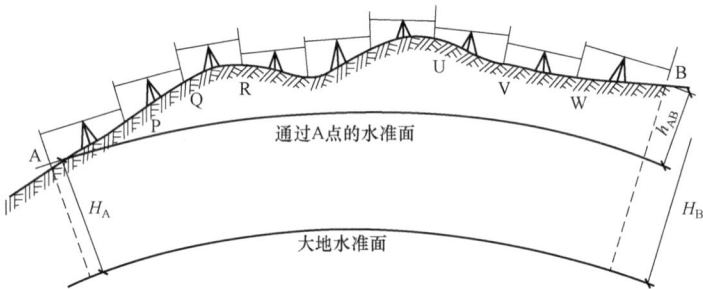

图 2-2　连续水准测量

$$h_{AB} = h_{AP} + h_{PQ} + \cdots + h_{WB}$$

各测站的高差均为后视读数减去前视读数之值，即 $h_{AP} = a_1 - b_1$，$h_{PQ} = a_2 - b_2$，…，$h_{WB} = a_n - b_n$，下标 1，2，…，n 表示第一站、第二站……第 n 站的后视读数和前视读数。则

$$h_{AB} = (a_1 - b_1) + (a_2 - b_2) + \cdots + (a_n - b_n) = \sum(a - b)$$

在实际作业中可先算出各测站的高差，然后取它们的总和而得 h_{AB}。再用后视读数之和 $\sum a$ 减去前视读数之和 $\sum b$ 来计算高差 h_{AB}，检核计算是否有错误。

二、水准测量的仪器与工具

水准仪是水准测量的主要仪器，按其所能达到的精度分为 DS05、DS1、DS3 及 DS10 等几个等级。

"D"和"S"是中文"大地"和"水准仪"中"大"字和"水"字的汉语拼音的第一个字母，通常在书写时可省略字母"D"，下标"05""1""3"及"10"等数字表示该类仪器的精度。

DS3 型和 DS10 型水准仪称为普通水准仪，用于国家三、四等水准及普通水准测量，DS05 型和 DS1 型水准仪称为精密水准仪，用于国家一、二等精密水准测量。

（一）DS3 型水准仪的构造

根据水准测量原理，水准仪的主要作用是提供一条水平视线，并能照准水准尺进行读数。因此，水准仪主要由望远镜、水准器和基座三部分构成。

仪器的上部有望远镜、水准管、水准管气泡观察窗、圆水准器、目镜及物镜对光螺旋、制动螺旋、微动及微倾螺旋等。

仪器竖轴与仪器基座相连，望远镜和水准管连成一个整体，转动微倾螺旋可以调节水准管连同望远镜一起相对于支架做上下微小转动，使水准管气泡居中，从而使望远镜视线精确水平。由于用微倾螺旋使望远镜上、下倾斜有一定限度，可先调整脚螺旋使圆水准器气泡居中，粗略定平仪器。整个仪器的上部可以绕仪器竖轴在水平方向旋转，水平制动螺旋和微动螺旋用于控制望远镜在水平方向转动。松开制动螺旋，望远镜可在水平方向任意转动，只有当拧紧制动螺旋后，微动螺旋才能使望远镜在水平方向上做微小转动，以精确瞄准目标。

1. 望远镜

望远镜是用来精确瞄准远处目标和提供水平视线进行读数的设备，它主要由物镜、目镜、调焦透镜及十字丝分划板等组成。从目镜中看到的是经过放大后的十字丝分划板上的像。

物镜和目镜多采用复合透镜组。物镜的作用是和调焦透镜一起使远处的目标在十字丝分划板上成像。十字丝分划板是一块刻有分划线的透明的薄平玻璃片，用来准确瞄准目标。中间一根长横丝称为中丝，与之垂直的一根丝称为竖丝，在中丝上下对称的两根与中丝平行的短横丝称为上、下丝（又称视距丝）。在水准测量时，用中丝在水准尺上进行前、后视读数，用以计算高差，用上、下丝在水准尺上读数，用以计算水准仪至水准尺的距离（视距）。

2. 水准器

水准器是用来整平仪器、指示视准轴是否水平，供操作人员判断水准仪是否安置水平的重要部件，分为圆水准器和管水准器两种。

（1）圆水准器

圆水准器是一个封闭的玻璃圆盒，盒内部装满乙醚溶液，密封后留有气泡。盒顶面的内壁磨成圆球形，顶面的中央画一小圆，其圆心 S 即为水准器的零点。连接零点 S 与球面的球心 O 的直线称为圆水准器的水准轴。当气泡居中时，圆水准器的水准轴即成铅垂位置；气泡若偏离零点，轴线呈倾斜状态。气泡中心偏离零点 2 mm 时轴线所倾斜的角值，称为圆水准器的分划值。DS3 型水准仪圆水准器分划值一般为 8′～10′。圆水准器的功能是用于仪器的粗略整平。

（2）管水准器

管水准器又称水准管，它是一个管状玻璃管，其纵剖面方向的内表面为具有一定半径的圆弧。精确水准管的圆弧半径为 80～100 m，最精确的可达 200 m。管内装有乙醚溶液，加热融封冷却后在管内留有一个气泡。由于气泡比液体轻，因此恒处于最高位置。水准管内壁圆弧的中心点（最高点）为水准管的零点。过零点与圆弧相切的切线称为水准管轴。当气泡中点处于零点位置时，称为气泡居中，这时水准管轴处于水平位置，否则水准管轴处于

倾斜位置。水准管的两端各刻有数条间隔 2 mm 的分划线，水准管上 2 mm 间隔的圆弧所对的圆心角，称为水准管的分划值，用"τ"表示。

$$\tau'' = \frac{2}{R} \cdot \rho''$$

式中 R 表示水准管圆弧半径，单位为 mm；ρ'' 表示弧度相对应的秒值，$\rho = 206\,265''$。

水准仪是水准测量的主要仪器，其上的水准管分划值小的可达 $2''$，大者可达 $2' \sim 5'$。水准管的分划值越小，灵敏度越高。DS3 型水准仪的水准管分划值为 $20''$，记作 $20''/2$ mm。由于水准管的精度较高，因而用于仪器的精确整平。

气泡能够准确而快速地移动到管内最高位置的能力，称为水准管的灵敏度。测量仪器上水准管的灵敏度须与它的用途相适应。使用灵敏度较高的水准管可以更精确地使仪器的某部分呈水平或竖直位置，但灵敏度越高，整平所需时间越长，因此水准管的灵敏度应与仪器其他部分的精密程度相适应。

为了提高水准管气泡居中的精度，DS3 型水准仪的水准管上方装有符合棱镜系统，将气泡两端的影像同时反映到望远镜旁的观察窗内。通过观察窗查看，当两端半边气泡的影像符合时，表明气泡居中。若两影像呈错开状态，表明气泡未居中，此时应转动微倾螺旋使气泡影像符合。

3. 基座

基座的作用是支撑仪器的上部，并通过连接螺旋使仪器与三脚架相连。基座位于仪器下部，主要由轴座、脚螺旋、底板、三角压板构成。仪器上部通过竖轴插入轴座内旋转，由基座承托。脚螺旋用于调节圆水准气泡居中。底板通过连接螺旋与三脚架连接。

除了上述部件外，水准仪还装有制动螺旋、微动螺旋和微倾螺旋。制动螺旋用于固定仪器；当仪器固定不动时，转动微动螺旋可使望远镜在水平方向做微小转动，以精确瞄准目标；微倾螺旋可使望远镜在竖直面内微动，圆水准气泡居中后，转动微倾螺旋使管水准器气泡影像符合，此时即可利用水平视线读数。

（二）水准尺和尺垫

1. 水准尺

水准尺是水准测量时使用的标尺，其质量的好坏直接影响水准测量的精度。因此，水准尺需用伸缩性小、不易变形的优质材料制成，如优质木材、玻璃钢、铝合金等。常用的水准尺有双面尺和塔尺两种。

双面尺多用于三、四等水准测量，其长度为 3 m，两根尺为一对。尺的两面均有刻画，一面为红白相间，称为红面尺；另一面为黑白相间，称黑面尺（也称主尺）。两面的最小刻画均为 1 cm，并在分米处注字。两根尺的黑面均从零开始；而红面，一根从 4.678 m 开始至 7.678 m，另一根从 4.787 m 开始至 7.787 m。其目的是避免观测时的读数错误，便于校核读数。同时用红、黑两面读数求得高差，可进行测站检核计算。

塔尺仅用于等外水准测量，一般由两节或三节套接而成，其长度有 3 m 和 5 m 两种。塔尺可以伸缩，尺的底部为零点。尺上黑白格相间，每格宽度为 1 cm，有的为 0.5 cm，每格小格宽 1 mm，米和分米处皆注有数字。数字有正字和倒字两种，数字上加红点表示米数。塔尺接头处容易损坏，观测时易出现误差。

2. 尺垫

尺垫是在转点处放置水准尺用的，其作用是防止点位移动和水准尺下沉。尺垫用生铁铸成，一般为三角形，中间有一突起的半球体，下方有三个支脚。使用时将支脚牢固地踏入土中，以防下沉。上方突起的半球形顶点作为竖立水准尺和标志转点之用。

第二节　水准仪的使用

使用微倾式水准仪的基本操作程序包括：安置仪器、粗略整平（粗平）、

瞄准水准尺、精确整平（精平）和读数。

　　使用水准仪时，将仪器固定在三脚架上，安置在选好的测站点，确保三脚架大致水平，仪器的各个螺旋调整到适中位置，以便向两个方向均能自由转动。通过调节脚螺旋使圆水准器气泡居中，这称为粗平。接着，松开制动螺旋，转动望远镜大致瞄准水准尺，利用准星和照门辅助瞄准。然后固定制动螺旋，使用微动螺旋使望远镜精确瞄准水准尺。接着，使用微倾螺旋使水准管气泡居中，这称为精平。最后，通过望远镜利用十字丝的横丝在水准尺上读数。

一、水准仪的安置

　　安置水准仪的方法通常是先将三脚架的两条腿放置在适当位置，然后一手握住第三条腿进行前后和左右调整，同时注意圆水准器气泡的移动，使其保持在中心附近。如果地面比较坚硬，例如在公路或铺装路面，可以不用脚踏地面；但如果地面松软，则应将脚架踏实以确保仪器稳定。当地面倾斜较大时，应将三脚架的一只脚放在倾斜方向上，另外两只脚放在与倾斜方向垂直的位置，以确保仪器稳固。

二、粗略整平

　　粗平的目的是通过调节脚螺旋，使圆水准器气泡居中，从而使仪器的竖轴大致铅直，视准轴粗略水平。具体操作方法是：用两手以相对方向转动两个脚螺旋，此时气泡移动方向与左手大拇指的转动方向一致。然后再转动第三个脚螺旋使气泡完全居中。在熟练操作后，可以不转动第三个脚螺旋，直接用相同方向转动两个脚螺旋使气泡居中。

　　注意：气泡移动的方向与左手大拇指的转动方向一致。

三、瞄准

　　瞄准的目的是使望远镜对准水准尺，清晰地看到目标和十字丝成像，以

便准确读数。首先通过目镜调焦，将望远镜对准明亮背景，转动目镜调焦螺旋使十字丝清晰。然后松开制动螺旋，转动望远镜，利用照门和准星瞄准水准尺，再固定制动螺旋。接着调焦使水准尺成像清晰，并用微动螺旋使十字丝纵丝对准水准尺像。

瞄准时应注意消除视差。如果眼睛在目镜处移动时，十字丝与目标有相对运动，这种现象称为视差。测量作业中视差是不允许存在的，因为它会影响瞄准精度。

消除视差的方法是仔细进行目镜和物镜调焦，直到眼睛移动时读数不变。检查视差时，眼睛移动距离不宜过大。

四、精平

精平是读数前通过转动微倾螺旋使水准管气泡居中，确保视准轴精确水平。精平时，应缓慢转动微倾螺旋，直到气泡影像稳定重合。注意，粗平后竖轴可能不完全铅直，当望远镜从一个目标转到另一个目标时，气泡可能偏移，需重新精平后才能读数。

五、读数

确认气泡重合后，立即用十字丝横丝在水准尺上读数。读数时要认清水准尺的注记特征，按照米、分米、厘米、毫米的顺序读取四位数字，最后一位是估读值。例如，读数 1.338 习惯上只读 1338 四位数，以毫米为单位。这种读法在观测、记录和计算中可以防止不必要的错误。

精平和读数是两个不同的步骤，但在水准测量中应视为一个整体操作。精平后立即读数，读数后还要检查气泡是否重合，以确保读数准确，保证测量精度。

第三节 水准测量的方法及成果处理

一、水准测量的施测方法

（一）埋设水准点

水准测量的主要目的是测量一系列点的高程，这些点通常称为水准点（Bench Mark，BM）。

为满足工程建设和地形测图的需要，以国家水准测量的三、四等水准点为起始点，还需布设工程水准测量或图根水准测量，通常统称为普通水准测量（也称等外水准测量）。普通水准测量的精度较国家等级水准测量低，水准路线的布设及水准点的密度可根据具体工程和地形测图的要求而具有较大的灵活性。

水准点分为永久性和临时性两种。国家等级水准点一般用石料或钢筋混凝土制成，深埋在地面冻结线以下，标石的顶面设有不锈钢或其他不易锈蚀的材料制成的半球状标志；半球状标志的顶点指示水准点的位置。有些水准点的金属标志则埋设于基础稳固的建筑物墙脚下，称为墙上水准点。在城镇和厂矿区，常采用稳固建筑物墙脚下进行布设。

建筑工地上的永久性水准点一般用混凝土预制而成，顶面嵌入半球形的金属标志，以指示该水准点的位置。临时性水准点可以选在地面突出的坚硬岩石或房屋的勒脚、台阶上，用红漆做标记，或用大木桩打入地下，桩顶上钉一半球形钉子作为标志。

选择埋设水准点的具体地点时，应确保标石稳定、安全、长期保存，并且便于使用。埋设水准点后，为了便于寻找，应绘制能标记水准点位置的草

图（称为点之记），图上要注明水准点的编号及与周围地物的关系。

（二）拟定水准路线

在水准测量中，为避免在观测、记录和计算中发生人为误差，并保证测量成果达到一定的精度要求，必须布设某种形式的水准路线，利用一定的条件来检验所测成果的正确性。在一般的工程测量中，水准路线主要有以下三种形式：

1. 附合水准路线——适用于开阔区域

从一个已知高程的水准点 BM_A 起，沿一条路线进行水准测量，经过测定另外一些水准点 1、2、3 的高程，最后联测到另一个已知高程的水准点 BM_B，这条路线称为附合水准路线。

理论上，附合水准路线中各待定高程点间的高差代数和，应等于始、终两个水准点的高程之差，即：

$$\sum h_{\text{理}} = (H_{\text{终}} - H_{\text{始}})$$

如果不相等，两点之差称为高差闭合差，用 f_h 表示：

$$f_h = \sum h_{\text{测}} - \sum h_{\text{理}} = \sum h_{\text{测}} - (H_{\text{终}} - H_{\text{始}})$$

2. 支水准路线——适用于狭长区域

从一已知水准点 BM_A 出发，沿待定高程点进行水准测量，如果最后没有联测到已知高程的水准点，则这样的水准路线称为支水准路线。为了对测量成果进行检核，并提高成果的精度，单一水准支线必须进行往、返测量。往测高差与返测高差的代数和 $\sum h_{\text{往}} + \sum h_{\text{理}}$ 理论上应等于零，并以此作为支水准路线测量正确性与否的检验条件。如不等于零，则高差闭合差为：

$$f_h = \sum h_{\text{往}} + \sum h_{\text{返}}$$

3. 闭合水准路线——用于补充测量

从一已知高程的水准点 BM_A 出发，沿一条环形路线进行水准测量，测

定沿线 1、2、3 水准点的高程，最后又回到原水准点 BM_A 的路线，称为闭合水准路线。

从理论上讲，闭合水准路线上各点间高差的代数和应等于零，即：

$$\sum h_{理} = 0$$

但实际上总会有误差，致使高差闭合差不等于零，则高差闭合差为：

$$f_h = \sum h_{测} - \sum h_{理} = \sum h$$

（三）普通水准测量方法

水准点埋设完毕，即可按拟定的水准路线进行水准测量。现以图 2-3 为例，介绍水准测量的具体做法。图中为 BM_A 已知高程水准点，TP 为转点，B 为拟测高程的水准点。

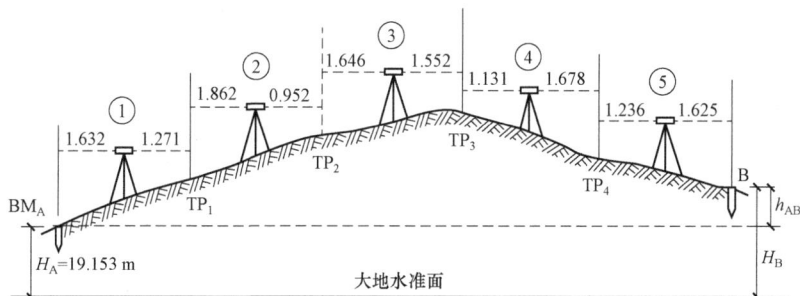

图 2-3　普通水准测量

已知水准点 BM_A 的高程 $H_A = 19.153$ m，欲测定距水准点 BM_A 较远的 B 点高程，按普通水准测量的方法，从点 BM_A 出发，共需设五个测站，连续安置水准仪测量各站之间的高差，观测步骤如下：

将水准尺立于已知高程的水准点上作为后视，水准仪置于施测路线附近的适合位置。在施测路线的前进方向上，将仪器与后视点大致保持相等的距离放置尺垫，在尺垫上竖立水准尺作为前视。观测员用圆水准器粗略整平仪器后，瞄准后视标尺，用微倾螺旋使水准管气泡居中，然后通过中丝读取后视读数至毫米。接着转动望远镜瞄准前视尺，此时水准管气泡可能会偏离一

点，需再次调节气泡居中，并通过中丝读取前视读数。记录员根据观测员的读数在手簿中记录相应的数字，并立即计算高差。以上为第一个测站的全部工作。

第一个测站工作结束后，记录员招呼并指示立尺员向前转移，同时将仪器迁至第二测站。此时，第一测站的前视点便成为第二测站的后视点。按照第一测站相同的工作程序进行第二测站的工作，依次沿水准路线施测，直到全部路线观测完毕。

对记录表中每一项所计算的高差和高程都要进行计算检核，即后视读数总和减去前视读数总和、高差之和及 B 点高程与 A 点高程的差值，这三个数字应当相等；否则，说明计算有误。

$$\sum a - \sum b = 7.638 - 7.078 = +0.560$$
$$\sum h = +0.560$$
$$H_B - H_A = 19.713 - 19.153 = +0.560$$

（四）水准测量测站检验方法

在进行连续水准测量时，任何一个后视或前视读数若有错误，都会影响高差的正确性。对于每一测站，为了校核每次水准尺读数有无差错，可采用改变仪器高的方法或双面尺法进行测站检核。

1. 变动仪器高的方法

变动仪器高法是在同一测站通过调整仪器高度（即重新安置与整平仪器），两次测得高差。改变仪器高度应在 0.1 m 以上；或者使用两台水准仪同时观测。当两次测得的高差差值不超过容许值（例如等外水准测量的容许值为 ±6 mm），则取两次高差的平均值作为该站测得的高差值。否则，需要查找原因，重新观测。

2. 双面尺法

双面尺法是在同一个测站上，保持仪器高度不变，立在前视点和后视点

上的水准尺分别用黑面和红面各进行一次读数，测得两次高差，互相检核。若同一水准尺红面与黑面（加常数后）之差在 3 mm 以内，且黑面尺高差与红面尺高差之差不超过 ±5 mm，则取黑、红面高差的平均值作为该站测得的高差值。否则，需要检查原因，重新观测。

二、水准测量的成果计算

普通水准测量外业观测结束后，首先应复查与检核记录手簿，计算各点间的高差。经检核无误后，根据外业观测的高差计算闭合差。若闭合差符合规定的精度要求，则调整闭合差，最后计算各点的高程。

按水准路线布设形式进行成果整理，其内容包括：① 水准路线高差闭合差的计算与校核；② 高差闭合差的分配和计算改正后的高差；③ 计算各点改正后的高程。

（一）附合水准路线成果计算

例如：图 2-4 为按图根水准测量要求施测某附合水准路线观测成果略图。BM_A 和 BM_B 为已知高程的水准点，A 点的高程为 65.376 m，B 点的高程为 68.623 m。图中箭头表示水准测量前进方向，点 1、2、3 为待测水准点，各测段高差、测站数、距离如图所示。现以图 2-4 为例，按高程推算顺序将各点号、测站数、测段距离、实测高差及已知高程。

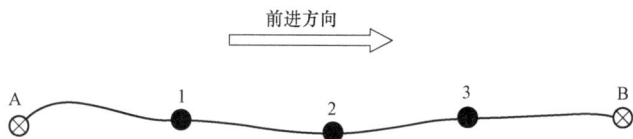

图 2-4　附合水准路线观测

1. 计算高差闭合差

$$f_h = \sum h_{测} - (H_{始} - H) = 3.315 - (68.623 - 65.376) = 68（mm）$$

33

每千米测站数：$n = 50 \div 5.8 = 8.6 < 16$ 站，故采用平地计算公式：

$$f_{h容} = \pm40\sqrt{L} = \pm40\sqrt{5.8} = \pm96 \quad （mm）$$

因为 $|f_h| < |f_{h容}|$，其精度符合要求，可进行闭合差分配。

2. 调整高差闭合差

高差闭合差的调整原则和方法是按其与测段距离（测站数）成正比并反符号改正到各相应测段的高差上，得改正后的高差，即：

$$v_i = -\frac{f_h}{\sum n} \times n_i$$

或

$$v_i = -\frac{f_h}{\sum l} \times l_i$$

改正后的高差：$h_{i改} = h_{i测} + v_i$

式中：$h_{i改}$，v_i 表示第 i 段测段的高差改正数和改正后的高差；$\sum n$，$\sum l$ 表示路线总测站数与总长度；$n_i l_i$ 表示第 i 段测段的测站数与长度。

题中各测段改正数：

$$v_1 = -\frac{0.068}{5.8} \times 1.0 = -0.012 \quad （m）$$

$$v_2 = -\frac{0.068}{5.8} \times 1.2 = -0.014 \quad （m）$$

$$v_3 = -\frac{0.068}{5.8} \times 1.4 = -0.016 \quad （m）$$

$$v_4 = -\frac{0.068}{5.8} \times 2.2 = -0.026 \quad （m）$$

将各测段高差改正数分别填入相应改正数栏内，并检核：改正数的总和与所求得的高差闭合差绝对值相等、符号相反，即 $\sum v = -f_h = -0.068$ m。

各测段改正后的高差为：

$$h_{i测} = h_1 + v = +1.575 - 0.012 = +1.563 \quad （m）$$

$$h_{i测} = h_2 + v = +1.575 - 0.012 = +1.563 \quad （m）$$

$$h_{3改} = h_{3测} + v = -1.742 - 0.016 = -1.758 \quad (\text{m})$$

$$h_{4测} = h_4 + v = +1.446 - 0.026 = +1.420 \quad (\text{m})$$

将各测段改正后的高差分别填入相应的栏内，并检核：改正后的高差总和应等于两已知高程之差，即 $\sum h_{改} = H_B - H_A = +3.247$ m。

3. 计算待定点高程

由水准点 BM_A 已知高程开始，逐一加各测段改正后的高差，即得各待定点高程，并填入相应高程栏内。

$$H_1 = H_A + h_{1改} = 65.376 + 1.563 = 66.939 \quad (\text{m})$$

$$H_2 = H_1 + h_{23t} = 66.939 + 2.022 = 68.961 \quad (\text{m})$$

$$H_3 = H_2 + h_{3改} = 68.961 - 1.758 = 67.203 \quad (\text{m})$$

$$H_3 = H_2 + h_{3改} = 68.961 - 1.758 = 67.203 \quad (\text{m})$$

推算的 B 点的高程应该等于该点的已知高程，以此作为计算的检核。

（二）闭合水准路线成果计算

闭合水准路线各测段高差的代数和应等于零。如果不等于零，其代数和即为闭合水准路线的闭合差 f_h 即：$f_h = \sum h_{测}$，$f_h < f_{h容}$ 时，可进行闭合水准路线的计算调整，其步骤与附合水准路线相同。

（三）支水准路线成果计算

对于支水准路线取其往返测高差的平均值作为成果，高差的符号应以往测为准，最后推算出待测点的高程。

已知水准点 A 的高程为 186.785 m，往、返测站共 16 站。高差闭合差为：

$$f_h = h_{往} + h_{返} = -1.357 + 1.396 = 0.039 \quad (\text{m})$$

闭合差容许值为：

$$f_{h容} = \pm 12\sqrt{n} = \pm 12 \times \sqrt{16} = \pm 48 \quad (\text{mm})$$

第四节　水准测量误差分析及注意事项

水准测量的误差包括仪器误差、观测误差和外界条件的影响三个方面。在水准测量作业中，应根据误差产生的原因，采取相应的措施，尽量减弱或消除其影响。

一、仪器误差

（一）仪器校正后的残余误差

在水准测量前，尽管进行了严格的检验和校正，但仍然存在残余误差。这种误差大多数是系统性的，可以在测量中采取一定的方法加以减弱或消除。例如，当水准管轴与视准轴不平行时，当前后视距相等时，在计算高差时，其偏差值将相互抵消。因此，在作业中，应尽量使前后视距相等。

（二）水准尺的误差

水准尺划分不准确、尺长变化和尺身弯曲都会影响读数精度。因此，水准尺必须经过检验才能使用，不合格的水准尺不能用于测量作业。此外，由于水准尺长期使用，底端磨损或在使用过程中黏上泥土等，这些情况相当于改变了水准尺的零点位置，称为水准尺零点误差。针对水准尺零点误差，可以采取在两固定点间设置偶数测站的方法，消除其对高差的影响。

二、观测误差

（一）水准管气泡居中误差

水准测量时，视线的水平是根据水准管气泡居中来实现的。由于气泡居

中存在误差，致使视线偏离水平位置，从而带来读数误差。消除此误差的办法是：每次读数时，确保气泡严格居中。

（二）读数误差

在水准尺上估读毫米数的误差，与人眼的分辨能力、望远镜的放大倍数及视线长度有关。在作业中，应遵循不同等级的水准测量对望远镜放大率和最大视线长度的规定，以保证估读精度。

（三）视差影响

水准测量时，如果存在视差，十字丝平面与水准尺影像不重合，眼睛的位置不同，读出的数据就会不同，因而给观测结果带来较大的误差。因此，在观测时应仔细进行调焦，严格消除视差。

（四）水准尺倾斜影响

水准尺倾斜将使尺上的读数增大。误差大小与尺上的视线高度以及尺子的倾斜程度有关。为消除这种误差的影响，应认真扶尺，使尺既直又稳。部分水准尺上装有圆水准器，扶尺时应确保气泡居中。

三、外界条件的影响

（一）仪器下沉

当仪器安置在土质疏松的地面上时，会产生缓慢下降现象，导致由后视转前视时视线下降，从而使读数减小。可采用"后、前、前、后"的观测顺序，减小误差。

（二）尺垫下沉

如果转点选在松软的地面，转站时尺垫会发生下沉现象，导致下一站后

视读数增大，从而引起高差误差。可以采取往返测取中数的方法，以减小误差的影响。

（三）地球曲率及大气折光的影响

用水平视线代替大地水准面在水准尺上的读数产生误差 c：

$$c = \frac{D^2}{2R}$$

式中 D 表示仪器到水准尺的距离；R 表示地球的平均半径，6 371 km。

另外，由于地面大气层密度的不同，使仪器的水平视线因折光而弯曲，弯曲的半径大约为地球半径的 6～7 倍，且折射量与距离有关。它对读数产生的影响为：

$$r = \frac{D^2}{2 \times 7R}$$

地球曲率及大气折光两项影响之和为：

$$f = c - r = 0.43 \frac{D^2}{R}$$

计算测站的高差时，应从后视和前视读数中分别减去 f，方能得出正确的高差，即：

$$h = (a - f_a) - (b - f_b)$$

若前、后视距离相等，则 $f = f_{折光}$ 的影响在计算高差时可以抵消。所以，在水准测量中，前、后视距应尽量相等。

（四）大气温度和风力的影响

大气温度的变化会引起大气折光的变化，以及水准管气泡的不稳定。尤其是当强阳光直射仪器时，会使仪器各部件因温度的急剧变化而发生变形，水准管气泡会因烈日照射而收缩，从而产生气泡定中误差。另外，大风可使水准尺竖立不稳，水准仪难以置平。因此，在水准测量时，应随时注意撑伞，

以遮挡强烈阳光的照射，并应避免在大风天气里观测。

四、注意事项

虽然误差是不可避免的，无法完全消除，但可以采取一定的措施减弱其影响，以提高测量结果的精度，同时应避免在测量时因人为因素而导致的错误。在进行水准测量时，应注意以下几方面。

（1）放置水准仪时，尽量使前、后视距相等，以确保测量精度。

（2）每次读数时，水准管气泡必须居中，以确保视线的水平。

（3）观测前，测量仪器必须进行检验和校正，以保证仪器的准确性。

（4）读数时，水准尺必须竖直，有圆水准器的尺子应使气泡居中，以避免读数误差。

（5）尺垫顶部和水准尺底部不应黏带泥土，以降低对读数的影响。

（6）望远镜应仔细调焦，严格消除视差，以确保读数的准确性。

（7）前后视线长度一般不超过 100 m，视线离地面高度一般不应小于 0.3 m，以确保测量的稳定性和准确性。

（8）在强烈光照下，必须撑伞，以避免仪器的结构因局部温度增高而发生变化，影响视线的水平。

（9）读数要清晰明确。如记录有错误，错误的记录应用铅笔划去，然后重写，不得涂改，以确保记录的准确性和可追溯性。

（10）读数后，记录者必须当场计算，测站检核无误，方可迁站，以确保测量数据的可靠性。

（11）仪器迁站时，要注意不能碰动转点上的尺垫，以确保测量点的稳定性和连续性。

第三章　角度测量

第一节　角度测量的基本概念

角度测量是测量的三项基本工作之一，角度测量包括水平角测量和竖直角测量。经纬仪是进行角度测量的主要仪器。

一、水平角及其测量原理

（一）水平角定义

从一点发出的两条空间直线在水平面上投影的夹角即二面角，称为水平角。其范围：顺时针 $0°\sim360°$。如图 3-1 所示，水平角 $\angle AOB = \beta$。

（二）测角仪器的必要条件

测角仪器用来测量角度的必要条件如下：

（1）仪器的中心必须位于角顶的铅垂线上，以确保测量的准确性。

（2）照准部设备（望远镜）要能上下、左右转动，且上下转动时所形成的是竖直面。

（3）要具有一个有刻划的度盘，并能安置成水平位置，以便测量水平角。

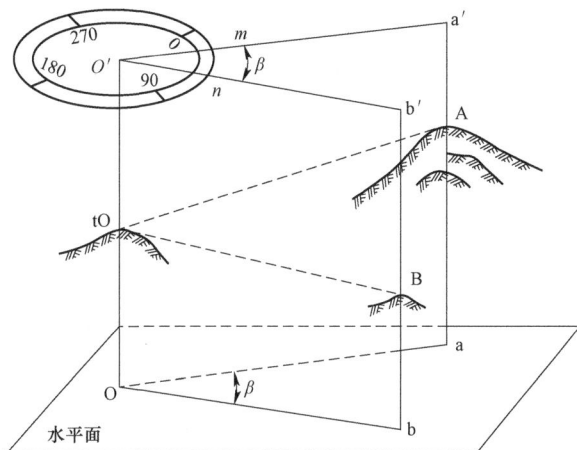

图 3-1 水平角

（4）要有读数设备，用于读取投影方向的读数，以记录测量结果。

（三）竖直角的定义

在同一竖直面内，目标视线与水平线的夹角称为竖直角，其范围在 $0° \sim \pm90°$ 之间。当视线位于水平线之上时，竖直角为正，称为仰角；反之，当视线位于水平线之下时，竖直角为负，称为俯角。

（四）光学经纬仪的使用

经纬仪是测量角度的仪器。按其精度分，有 DJ6、DJ2 两种，表示一测回方向观测中误差分别为 6″ 和 2″。经纬仪的代号有 DJI、DJ2、DJ6、DJ10 等。其中，"D" 代表大地测量，"J" 代表经纬仪，均为汉语音译的首字母。数字 "6" 和 "2" 分别指仪器的精密度，测回方向观测中误差不超过 $\pm6″$ 和 $\pm2″$。在工程中常用 DJ2、DJ6 型经纬仪，一般简称 J2、J6 经纬仪。

（五）DJ6 光学经纬仪的构造

经纬仪的基本构件包括照准部、水平度盘和基座三部分。

1. 照准部

照准部主要部件有望远镜、管水准器、竖直度盘、读数设备等。望远镜由物镜、目镜、十字丝分划板和调焦透镜组成。望远镜的主要作用是照准目标，它与横轴固连在一起，由望远镜制动螺旋和微动螺旋控制其进行上、下转动。照准部可绕竖轴在水平方向转动，由照准部制动螺旋和微动螺旋控制其水平转动。

照准部水准管用于精确整平仪器。竖直度盘为测竖直角设置，可随望远镜一起转动。还设有竖盘指标自动补偿器装置和开关，借助自动补偿器使读数指标处于正确位置。读数设备通过一系列光学棱镜将水平度盘和竖直度盘及测微器的分划都显示在读数显微镜内，通过反光镜将光线反射到仪器内部，以便读取度盘读数。

另外，为了能将竖轴中心线安置在过测站点的铅垂线上，在经纬仪上都设有对点装置。一般光学经纬仪都设置有垂球对点装置或光学对点装置。垂球对点装置是在中心螺旋下面装有垂球挂钩，将垂球挂在钩上即可进行对点；光学对点装置是通过安装在旋转轴中心的转向棱镜，将地面点成像在对点分划板上，通过对中目镜放大，同时看到地面点和对点分划板的影像，若地面点位于对点分划板刻划中心，并且水准管气泡居中，则说明仪器中心与地面点位于同一铅垂线上。

2. 水平度盘

水平度盘是一个光学玻璃圆环，圆环上按顺时针刻划注记 0°～360° 分划线，主要用于测量水平角。观测水平角时，经常需要将某个起始方向的读数配置为预先指定的数值，称为水平度盘的配置。水平度盘的配置机构有复测机构和拨盘机构两种类型。北光仪器采用拨盘机构，当转动拨盘变换手轮时，水平度盘随之转动，从而改变水平读数，而照准部不动。压住度盘变换手轮下的保险手柄，可以将度盘变换手轮向里推进并转动，即可将度盘转动到需要的读数位置上。

3．基座

基座主要是支承仪器上部并与三脚架起连接作用的一个构件，主要由轴座、三个脚螺旋和底板组成。轴座是支承仪器的底座，照准部同水平度盘一起插入轴座，用固定螺丝固定。圆水准器用于粗略整平仪器，三个脚螺旋用于整平仪器，从而使竖轴竖直，水平度盘水平。连接板用于将仪器稳固地连接在三脚架上。

（六）分微尺装置的读数方法

如图 3-2、图 3-3 所示，DJ6 光学经纬仪一般采用分微尺读数。在读数显微镜内，可以看到水平度盘和竖直度盘的影像。注有"H"字样的是水平度盘，注有"V"字样的是竖直度盘。在水平度盘和竖直度盘上，相邻两分划线间的弧长所对的圆心角称为度盘的分划值。DJ6 光学经纬仪的分划值为1°，按顺时针方向每度注有度数，小于 1°的读数在分微尺上读取。读数窗内的分微尺有 60 小格，其长度等于度盘上间隔为 1°的两根分划线在读数窗中的影像长度。因此，测微尺上一小格的分划值为 1′，可估读到 0.1′，分微尺上的零分划线为读数指标线。

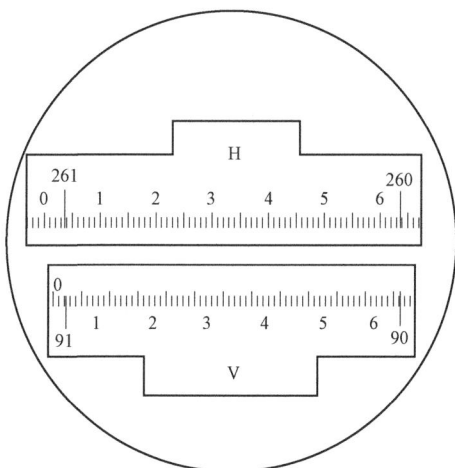

图 3-2　望远镜读数窗

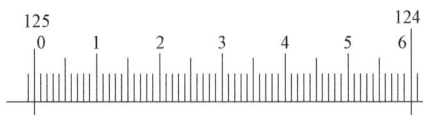

图 3-3　水平读盘分微尺读数

读数方法：瞄准目标后，将反光镜掀开，使读数显微镜内光线适中，然后转动、调节读数窗口的目镜调焦螺旋，使分划线清晰，并消除视差，直接读取度盘分划线注记读数及分微尺上 0 指标线到度盘分划线读数，两数相加，即得该目标方向的度盘读数，采用分微尺读数方法简单、直观。如图 3-4 所示，水平盘读数为 125°13′12″。

图 3-4　水平度盘读数

（七）DJ2 光学经纬仪的构造

与 DJ6 光学经纬仪相比，DJ2 光学经纬仪的构造新增了以下部件：

（1）测微轮——用于读数时，对径分划线影像符合，以确保读数的准确性。

（2）换像手轮——用于在水平读数和竖直读数之间进行互换，方便操作者根据需要切换读数模式。

（3）竖直读盘反光镜——在竖直读数时进行反光，以提供清晰的影像。

（八）DJ2 光学经纬仪的读数方法

在 DJ2 光学经纬仪的读数窗内，一次只能看到一个度盘的影像。读数时，可以通过转动换像手轮来转换所需要的度盘影像，以避免读错度盘。具体操作如下：

（1）当换像手轮上的刻线处于水平位置时，显示的是水平度盘的影像，操作者可以读取水平度盘的读数。

（2）当换像手轮上的刻线处于竖直位置时，显示的是竖直度盘的影像，

操作者可以读取竖直度盘的读数。

DJ2 光学经纬仪采用数字式读数装置，使读数过程更加简化。如图 3-5 所示，读数窗的各部分功能如下：

（1）上窗数字为度数，直接显示度盘的度数读数。

（2）上窗突出的小方框中所注数字为整 10′，操作者可以据此读取整十分钟的读数。

（3）中间的小窗为分划线符合窗，用于显示度盘的对径分划线影像。

（4）下方的小窗为测微器读数窗，用于读取小于 10′ 的读数。

读数时，首先瞄准目标，然后转动测微轮使度盘的对径分划线重合。度数由上窗读取，整 10′ 数由小方框中的数字读取，小于 10′ 的读数由下方小窗中读取。如图 3-5 所示，读数为 122° 24′ 54.8″。

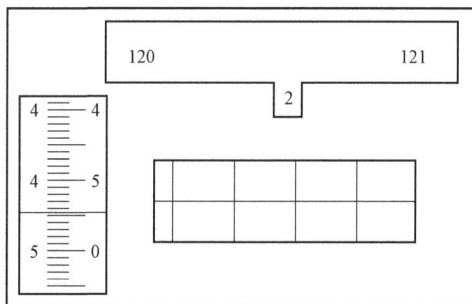

图 3-5　DJ2 数字读数

一般采用对径重合读数法即转动测微轮，使上、下分划线精确重合后读数。如图 3-6 所示，读数窗为度盘刻划的影像，最小分划值为 20′，左图小窗中为测微尺影像，左侧注记为分，右侧注记为秒。从 0′ 刻到 10′，最小分划值 1″，可估读到 0.1″。读数为 30° 23′ 03.8″。

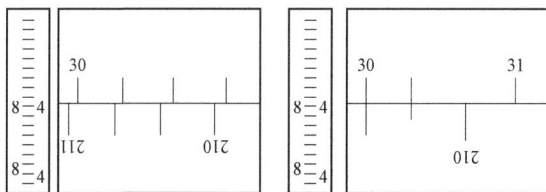

图 3-6　读数方法

二、经纬仪的安置

（一）对中

对中的目的：使仪器的中心与测站点的中心位于同一铅垂线上。对中时可以使用垂球或光学对点器对中。

（二）整平

整平的目的：使仪器的竖轴处于铅垂位置，水平度盘处于水平状态。经纬仪的整平是通过调节脚螺旋，以照准部水准管为标准来进行的。

（三）光学对点器的经纬仪安置

对于具有光学对点器的经纬仪，其对中和整平是互相影响的，应交替进行，直至对中、整平均满足要求为止。

具体操作方法如下：

（1）将三脚架安置于测站点上，目估使架头大致水平，同时注意仪器高度要适中。安上仪器，拧紧中心螺旋，转动目镜调整螺旋使对点器中心圈清晰，再拉伸镜筒，使测站点成像清晰。然后将一个架腿插入地面固定，用两手把握住另外两个架腿，并移动这两个架腿，直至测站点的中心位于圆圈的内边缘处或中心，停止转动脚架并将其踩实。注意基座面要基本水平。

（2）调节脚螺旋，使测站点中心处于圆圈中心位置。

（3）伸缩架腿，使圆气泡居中。

（4）调节脚螺旋，使水准管气泡居中。

（5）检查测站点是否位于圆圈中心，若相差很小，可轻轻平移基座，使其精确对中（注意仪器不可在基座面上转动）。如此反复操作，直到仪

器对中和整平均满足要求为止。精度要求：对中，±≤3 mm；整平，
≤1格。

整平是利用基座上的三个脚螺旋，使照准部水准管在相互垂直的两个方
向上气泡都居中。具体做法如下：转动仪器照准部，使水准管平行于任意两
个脚螺旋的连线方向，两手同时向内或向外旋转这两个（1、2）脚螺旋，使
气泡居中。然后将照准部旋转90°，调节第3个脚螺旋，使气泡居中。如此
反复进行，直至照准部水准管在任意位置气泡均居中为止。

（四）照准和读数

测角时要照准目标，目标一般是竖立于地面上的标杆、测钎或觇牌。测
水平角时，以望远镜十字丝的纵丝照准目标。操作方法是用光学瞄准器粗
略瞄准目标，进行目镜对光，使十字丝清晰，调节物镜对光螺旋，使成像
清晰，并注意消除视差的影响。准确照准目标方向，用十字丝的单丝和垂
线重合、用垂线平分十字丝双丝。若为标杆、测钎等粗目标时，用十字丝
的单丝平分目标，目标位于双丝中央。最后，按照前面所述的读数方法来
进行读数。

三、对点

测点通常以打入地面木桩上的小钉作为标志。测量时，由于距离远、地
面起伏及植被的遮挡，不能直接从望远镜观看到小钉，需要用线正、测钎、
花杆、铅笔竖立在小钉的铅垂线上供仪器照准，这项工作称为对点。对点的
方法一般有三种，花杆对点法、测钎或铅笔对点法和线铭对点法。应根据距
离情况选用合适的方法。

（一）花杆对点

一般用于远距离对点。对点时花杆应竖直，对点者端正地面向司镜者，

两脚分开与肩平齐，手握花杆上半截，这样可使花杆依靠自重直立于桩上测点，并使花杆铁尖离开铁钉少许，以保证对点正确。

（二）测钎或铅笔对点

这种方法一般在地面平坦，没有杂草阻碍视线，从望远镜中能直接看到测钎或铅笔尖时使用。测钎或铅笔尖要竖直。因目标为深色，在光线较暗，距离较远时往往模糊不清，可在测钎后方用白纸衬托，以便使照准目标清晰。

（三）线铭对点

线铭对点是施工现场最常用、最准确的方法。以下介绍几种常用方法。

1. 使用线铭架对点

简易线铭架制作方法：将三根细竹竿上端用细绳捆扎，权开下端即成。中间吊一线铭，移动竹竿使线铭尖对准测点。此法准确、平稳，用于对点次数较多的点。

2. 单手吊挂线铭对点

将花杆斜插在测站与测点连线方向的一侧（左或右）约 30～50 cm 的地上，使花杆与地面约成 45° 交角。用手的四指夹握在花杆上，用拇指吊挂线铭，使线铭尖对准桩上小钉。对点时思想要集中，身体要站稳。为了防止线铭摆动，照准垂线一刹那，应全神贯注，暂屏呼吸，司镜者迅速照准垂线。

3. 两手合执线铭对点

面对仪器坐在测点后方，两肘放在两膝上，两手合执线铭弦线，使线铭尖对准桩上小钉。对准测点中心的瞬间应全神贯注，暂屏呼吸，防止垂线摆动。

第二节　竖直角观测的方法

一、竖直角测量原理

（一）竖直角概念

竖直角是指某一方向与其在同一铅垂面内的水平线所夹的角度。由图 3-7 可知，在同一铅垂面上，空间方向线 AB 与水平线所夹的角 a 就是 AB 方向与水平线的竖直角，如图 3-7 所示。若方向线在水平线之上，竖直角为仰角，用"$+a$"表示；若方向线在水平线之下，竖直角为俯角，用"$-a$"表示。其角值范围为 0°～90°。

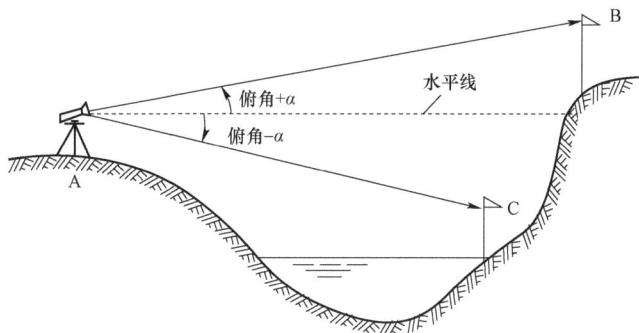

图 3-7　竖直角

（二）竖直角测量的原理

在望远镜横轴的一端竖直设置一个刻度盘（竖直度盘），竖直度盘中心与望远镜横轴中心重合，度盘平面与横轴轴线垂直。视线水平时，指标线为一固定读数。当望远镜瞄准目标时，竖盘随着转动，则望远镜照准目标的方

49

向线读数与水平方向上的固定读数之差即为竖直角。

根据上述测量水平角和竖直角的要求，设计制造的一种测角仪器称为经纬仪。

二、竖直度盘的构造

竖直度盘是固定安装在望远镜旋转轴（横轴）的一端，其刻划中心与横轴的旋转中心重合。因此，当望远镜作竖直方向旋转时，度盘也随之转动。分微尺的零分划线作为读数指标线，相对于转动的竖盘是固定不动的。根据竖直角的测量原理，竖直角 a 是视线读数与水平线的读数之差，水平方向线的读数是固定数值。所以，当竖盘转动在不同位置时，用读数指标读取视线读数，就可以计算出竖直角。

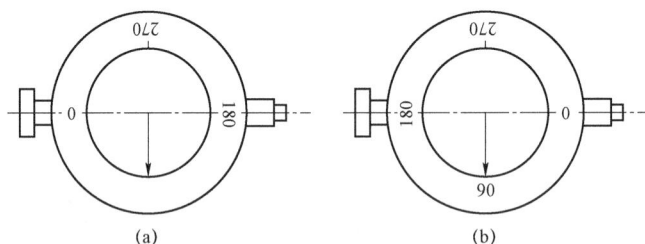

图 3-8　竖直度盘的注记形式

竖直度盘的刻划有全圆顺时针和全圆逆时针两种。如图 3-8 所示盘左位置，图 3-8（a）为全圆逆时针方向注字，图 3-8（b）为全圆顺时针方向注字。当视线水平时，指标线所指的盘左读数为 90°，盘右为 270°。对于竖盘指标的要求是，始终能够读出与竖盘刻划中心在同一铅垂线上的竖盘读数。为了满足这一要求，早期的光学经纬仪多采用水准管竖盘结构，这种结构将读数指标与竖盘水准管固连在一起，转动竖盘水准管定平螺旋，使气泡居中，读数指标处于正确位置，可以读数。现代的仪器则采用自动补偿器竖盘结构，这种结构是借助一组棱镜的折射原理，自动使读数指标处于正确位置，也称为自动归零装置。整平和瞄准目标后，能立即读数，因此操作简便，读数准

确，速度快。

三、竖直角观测

竖直角观测的步骤如下：

（1）安置仪器于测站点 O，对中、整平后，打开竖盘自动归零装置；

（2）盘左位置瞄准 A 点，用十字丝横丝照准或相切目标点，读取竖直度盘的读数 L，设为 48°17′36″，记入观测记录手簿表 3-1，这样就完成了上半个测回的观测；

（3）将望远镜倒镜变成盘右，瞄准 A 点，读取竖直度盘的读数 R，设为 311°42′48″，记入观测手簿，这样就完成了下半个测回的观测。

上、下半测回合称为一个测回，根据需要进行多个测回的观测。

表 3-1　竖直角观测记录

测站	目标	盘位	竖盘读数	半测回竖直角	指标差	一测回竖直角
O	A	左	48°17′36″	41°42′24″	12″	41°42′36″
		右	311°42′48″	41°42′48″		
	B	左	98°28′40″	−8°28′40″	−13″	−8°28′53″
		右	261°30′54″	−8°29′06″		

四、竖直角的计算

竖直角是指某一方向与其在同一铅垂面内的水平线所夹的角度，则视线方向读数与水平线读数之差即为竖直角值。其水平线读数为一固定值，实际只需观测目标方向的竖盘读数。度盘的刻划注记形式不同，用不同盘位进行观测，视线水平时读数不相同。因此，竖直角计算应根据不同度盘的刻划注记形式相对应的计算公式计算所测目标的竖直角。下面以顺时针方向注字形式说明竖直角的计算方法及如何确定计算式。

盘左位置，视线水平时读数为 90°。望远镜上仰，视线向上倾斜，指标

处读数减小，根据竖直角定义仰角为正，则盘左时竖直角计算公式为下式，如果 $L>90°$，竖直角为负值，表示是俯角。

$$\alpha_L = 90° - L$$

盘右位置，视线水平时读数为 270°。望远镜上仰，视线向上倾斜，指标处读数增大，根据竖直角定义仰角为正，则盘右时竖直角计算公式为下式，如果 $R<270°$，竖直角为负值，表示是俯角。

$$\alpha_R = R - 270°$$

式中：L 表示盘左竖盘读数；R 表示盘右竖盘读数。

为了提高竖直角精度，取盘左、盘右的平均值作为最后结果，如下式：

$$\alpha = \frac{\alpha_L + \alpha_R}{2} = \frac{1}{2}(R - L - 180°)$$

同理，可推出全圆逆时针刻划注记的竖直角计算公式，如下式：

$$\alpha_L = L - 90°$$
$$\alpha_R = 270° - R$$

五、竖盘指标差

上述竖直角计算公式是依据竖盘的构造和注记特点，即视线水平，竖盘自动归零时，竖盘指标应指在正确的读数 90° 或 270° 上。但因仪器在使用过程中受到震动或者制造上不严密，使指标位置偏移，导致视线水平时的读数与正确读数有一差值，此差值称为竖盘指标差，用 x 表示。由于指标差存在，盘左读数和盘右读数都差了一个 x 值。正确的竖直角应对竖盘读数进行指标差改正，则竖直角计算公式为下式。

盘左竖直角值：

$$\alpha = 90° - (L - x) = \alpha_L + x$$

盘右竖直角值：

$$\alpha = (R - x) - 270° = \alpha_R - x$$

将上式相加并除以 2 得：

$$\alpha = \frac{\alpha_L + \alpha_R}{2} = \frac{R - L - 180°}{2}$$

用盘左、盘右测得竖直角取平均值，可以消除指标差的影响。将上式相减得到指标差计算公式：

$$x = \frac{\alpha_R - \alpha_L}{2} = \frac{1}{2}(L + R - 360°)$$

用单盘位观测时，应加指标差改正，以得到正确的竖直角。当指标偏移方向与竖盘注记的方向相同时，指标差为正；反之，则为负。

以上各公式是按顺时针方向注字形式推导的，同理可推出逆时针方向注字形式的计算公式。由上述可知，测量竖直角时，盘左和盘右观测取平值可以消除指标差对竖直角的影响。对同一台仪器的指标差，在短时间段内理论上为定值，即使受外界条件变化和观测误差的影响，也不会有大的变化。因此，在精度要求不高时，先测定 x 值，以后观测时可以用单盘位观测，加指标差改正以得到正确的竖直角。

在竖直角测量中，常以指标差检验观测成果的质量，即在观测不同的测回中或不同的目标时，指标差的误差不应超过规定的限制。例如，使用 DJ6 级经纬仪进行一般工作时，指标差互差不超过 25″。

第三节　光学经纬仪的检验与校正

一、经纬仪各轴线间应满足的几何关系

经纬仪是根据水平角和竖直角的测量原理制造的，当水准管气泡居中时，仪器旋转轴应保持竖直，水平度盘应保持水平。此时，要求水准管轴垂直于竖轴。对于水平角的测量，要求望远镜绕横轴旋转时形成一个竖直面，

因此视准轴必须垂直于横轴。另外，保证竖轴竖直时，横轴应保持水平，这要求横轴垂直于竖轴。使用望远镜照准目标时使用竖丝，只有当横轴水平时竖丝才能保持竖直，因此十字丝竖丝必须垂直于横轴。为确保测量角的精度，仪器的其他状态也应达到一定标准。综上所述，经纬仪应满足的基本几何关系包括：

（1）照准部水准管轴垂直于仪器竖轴。

（2）望远镜视准轴垂直于仪器横轴。

（3）仪器横轴垂直于仪器竖轴。

（4）望远镜十字丝竖丝垂直于仪器横轴。

（5）竖盘指标应处于正确位置。

（6）光学对中器视准轴应与竖轴中心线重合。

二、经纬仪的检验与校正

（一）照准部水准管轴垂直于仪器竖轴的检验与校正

目的：使水准管轴垂直于竖轴。

检验方法如下：

（1）调节脚螺旋，使水准管气泡居中。

（2）将照准部旋转 180°，观察气泡是否居中。如果仍然居中，说明条件满足，无需校正；否则需要进行校正。

校正方法如下：

（1）在检验的基础上调节脚螺旋，使气泡向中心移动偏移量的一半。

（2）用拨针拨动水准管一端的校正螺旋，使气泡居中。

此项检验和校正需反复进行，直到气泡在任何方向偏离值在 1/2 格以内。此外，如果经纬仪上配有圆水准器，也应对其进行检校。当管水准器校正完善并对仪器精确整平后，圆水准器的气泡也应居中。如果不居中，应拨动其

校正螺丝使其居中。

（二）望远镜视准轴垂直于仪器横轴的检验与校正

目的：使视准轴垂直于仪器横轴。如果视准轴不垂直于横轴，则产生的偏差角为 c，称为视准轴误差。视准轴误差的检验与校正方法通常有度盘读数法和标尺法两种。

1. 度盘读数法

检验方法：

① 安置仪器，盘左瞄准远处与仪器大致同高的一点 A，读取水平度盘读数为 b_1；

② 倒转望远镜，盘右再瞄准 A 点，读取水平度盘读数为 b_2；

③ 若 $b_1 - b_2 = \pm 180°$ 则满足条件，无需校正；否则需要进行校正。

校正方法如下：

（1）转动水平微动螺旋，使度盘读数对准正确的读数。

$$b = \frac{1}{2}[b_1 + (b_2 \pm 180°)]$$

（2）用拨针拨动十字丝环的左、右校正螺丝，使十字丝竖丝瞄准 A 点。上述方法简便，适用于任何场地，但对于单指标读数的 DJ6 级经纬仪，仅在水平度盘无偏心或偏心差影响小于估读误差时才有效，否则将得不到正确结果。

2. 标尺法

（1）检验方法：如图 3-9 所示，在平坦地面上选择一条直线，长度约为 60～100 m，在 AB 中点 O 处架设仪器，并在 B 点垂直横置一小尺。使用盘左瞄准 A 点，倒转望远镜在 B 点的小尺上读取 B_1；然后使用盘右瞄准 A 点，再次倒转望远镜在 B 点的小尺上读取 B_2。

$$c = \frac{B_1 B_2}{4OB} \times \rho$$

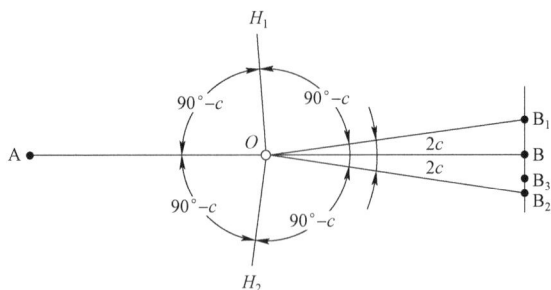

图 3-9 视准轴垂直于横轴的检校

（2）校正方法：拨动十字丝左、右两个校正螺丝，使十字丝交点由 B_2 点移至 B_3，即 BB_2 的中点。

（三）仪器横轴垂直于仪器竖轴的检验与校正

1. 检验方法

如图 3-10 所示，在 20～30 m 处的墙上选择一个仰角大于 30° 的目标点 P，先用盘左瞄准 P 点，放平望远镜，然后在墙上标出 P_1 点；再用盘右瞄准 P 点，放平望远镜，在墙上标出 P_2 点。

$$i = \frac{P_1 P_2}{2D \cdot \tan \alpha} \cdot \rho$$

J6:$i > 20''$ 时，则需校正。

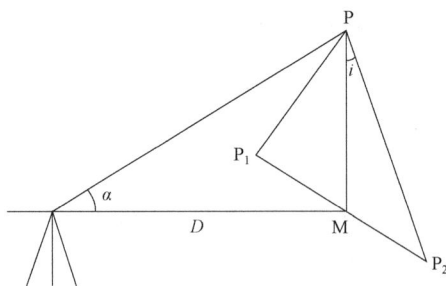

图 3-10 横轴垂直于竖轴的检验

2. 校正方法

（1）取 $P_1 P_2$ 连线的中点 M，使十字丝交点对准 M 点。

（2）抬高望远镜照准高处点 P，此时十字丝交点已偏离 P 到 P'处。

（3）抬高或降低经纬仪横轴的一端，使 P 与 P'重合。

（4）此项校正一般由仪器检修人员进行。

（四）望远镜十字丝竖丝垂直于横轴的检验和校正

目的：使十字丝竖丝垂直于横轴。

检验方法如下：

（1）精确整平仪器，用竖丝的一端瞄准一个固定点，旋紧水平制动螺旋和望远镜制动螺旋。

（2）转动望远镜微动螺旋，观察该点是否始终在竖丝上移动。若始终在竖丝上移动，说明条件满足，否则需要进行校正。

校正方法如下：

（1）拧下目镜前面的十字丝护盖，松开十字丝环的压环螺丝。

（2）转动十字丝环，使竖丝到达竖直位置，然后将松开的螺丝拧紧。此项检验校正工作需反复进行。

（五）竖盘指标差的检验和校正

目的：使竖盘指标处于正确位置。

检验方法如下：

（1）仪器整平后，盘左瞄准 A 目标，读取竖盘读数为 L，并计算竖直角 α_L；

（2）盘右瞄准 A 目标，读取竖盘读数为 R，并计算竖直角 α_R；

如果 $\alpha_L = \alpha_R$，不需校正；否则需要进行校正。由于现在的经纬仪都具有自动归零补偿器，此项校正应由仪器检修人员进行。

（六）光学对中器的检验和校正

目的：使光学对中器的视准轴与仪器的竖轴中心线重合。

检验方法如下：

（1）严格整平仪器，在脚架的中央地面上放置一张白纸，在白纸上画一十字形标志 a_1。

（2）移动白纸，使对中器视场中的小圆圈对准标志。

（3）将照准部在水平方向转动 180°。

如果小圆圈中心仍对准标志，说明条件满足，不需校正；如果小圆圈中心偏离标志，而得到另一点 a_2，则说明条件不满足，需要进行校正。

校正方法如下：

定出 a_1、a_2 两点的中点 a，用拨针拨对中器的校正螺丝，使小圆圈中心对准 a 点。这项校正一般由仪器检修人员进行。

这六项检验与校正的顺序不能颠倒，而且水准管轴应垂直于竖轴是其他几项检验与校正的基础。这一条件若不满足，其他几项的检校就不能进行。竖轴倾斜而引起的测角误差，不能用盘左、盘右观测加以消除，所以这项检验校正必须认真进行。

第四节　角度测量的误差来源及注意事项

角度测量的精度受多方面因素的影响，误差主要来源于三个方面：仪器误差、观测误差以及外界环境产生的误差。

一、仪器误差

仪器误差包括仪器本身制造不精密、结构不完善以及检校后的残余误差。例如，照准部的旋转中心与水平度盘中心不重合产生的误差、视准轴不垂直于横轴的误差、横轴不垂直于竖轴的误差。这三项误差都可以通过盘左、盘右两个位置取平均数来减弱；度盘刻划不均匀的误差可以通过变换度盘位

置的方法来消除；竖轴倾斜误差对水平角观测的影响不能通过盘左、盘右取平均数来减弱，且观测目标越高，影响越大，因此在山地测量时更应严格整平仪器。

二、观测误差

（一）对中误差

对中误差是由于安置经纬仪时没有严格对中，导致仪器中心与测站中心不在同一铅垂线上所引起的角度误差。对中误差与距离、角度大小有关，当观测方向与偏心方向越接近 90°，距离越短，偏心距 e 越大，对水平角的影响越大。为减少此项误差，测角时应提高对中精度。

（二）目标偏心误差

在测量时，照准目标往往不是直接瞄准地面点上的标志点本身，而是瞄准标志点上的目标。要求照准点的目标应严格位于点的铅垂线上，若安置目标偏离地面点中心或目标倾斜，照准目标的部位偏离照准点中心的大小称为目标偏心误差。目标偏心误差对观测方向的影响与偏心距和边长有关，偏心距越大，边长越短，影响越大。因此，照准花杆目标时，应尽可能照准花杆底部，当测角边长较短时，应使用线铭对点。

（三）照准误差和读数误差

照准误差与望远镜放大率、人眼分辨率、目标形状、光亮程度、对光时是否消除视差等因素有关。测量时应选择清晰的观测目标，仔细操作消除视差。读数误差与读数设备、照明及观测者判断准确性有关。读数时，应仔细调节读数显微镜，调节读数窗的光亮适中，掌握估读小数的方法。

三、外界环境产生的误差

外界条件影响因素复杂，如温度、风力、大气折光等均会对角度观测产生影响。为减少误差，应选择有利的观测时间，避开不利因素。例如，在晴天观测时应撑伞遮阳，防止仪器暴晒，中午最好不要观测。

四、角度测量的注意事项

用经纬仪测角时，常因粗心大意而产生错误，如仪器没有对中整平、望远镜瞄准目标不正确、度盘读数读错、记录错误和读数前未旋进制动螺旋等。因此，角度测量时必须注意以下几点：

（1）仪器安置高度要合适，三脚架要踩牢，仪器与脚架连接要牢固；观测时不要手扶或碰动三脚架，转动照准部和使用各种螺旋时，用力要适中。

（2）对中、整平要准确，测角精度要求越高或边长越短，对中要求越严格；如观测目标之间高低相差较大时，更应注意仪器整平。

（3）在水平角观测过程中，同一测回内发现照准部水准管气泡偏离居中位置时，不允许重新调整水准管使气泡居中；若气泡偏离中央超过一格，需重新整平仪器并重新观测。

（4）观测竖直角时，每次读数前必须使竖盘指标水准管气泡居中或自动归零开关设置为"ON"位置。

（5）标杆要立直于测点上，尽可能用十字丝交点瞄准对中杆的底部；竖直角观测时，宜用十字丝中丝切于目标的指定部位。

（6）不要将水平度盘和竖直度盘读数混淆；记录要清楚，并当场计算校核，若误差超限应查明原因并重新观测。

第四章　工程建设各阶段的测量及信息管理研究

第一节　工程勘测设计阶段的主要测量工作研究

在进行任何工程建设时，都必须根据建设目标、当地自然地理条件以及社会环境来选择合适的地点并进行设计。设计团队在进行设计时需要使用不同比例尺的地形图，而在工程勘测设计阶段，测量任务主要是为设计团队提供所需的比例尺地形图，并进行其他相关的测量工作。

选址的主要任务是搜集现有的地形图和相关资料，从中筛选出几个潜在的设计方案，然后下发勘测设计任务书，委托专业测量人员完成勘测工作，以及测绘设计人员所需的各类地形图和其他相关测量任务。在勘测设计的各个阶段，测量任务因工程的不同而有所不同。以下我们将以工业公司、电线和桥梁工程为例，分别展示面状、线状和典型工程在勘测设计阶段的测量任务，这也可以为其他工程项目提供参考。

一、工业企业的测量

工业公司呈现出特定的面状属性。通常，1:5 000 的地形图适用于选择工

厂位置、进行整体规划以及方案对比的勘查和设计工作；1:2 000 的地形图适用于初步设计阶段；1:1 000 的地形图适用于技术实施设计；对于那些地势复杂、建筑密集且对精度有较高要求的技术设计，我们需要 1:500 比例的地形图。在勘测设计阶段，对于需要测绘的地形图，建议在大范围内使用航测数字化绘图，并与全站仪地面数字化测绘技术相结合，特别是后者更适用于 1:1 000 或更大比例尺的地形图绘制。

在数字地形图上，设计师需要进行详细的设计工作，这包括但不限于总图的运输设计，以及绘制建筑和管线的总平面图。在其中，总图运输设计是基于数字地形图和勘查数据，通过综合考虑各种因素，合理地确定工业企业区域内各类建筑、构筑物和交通运输设施的平面布局、垂直布局和空间布局，以及它们与生产活动之间的有机联系。设计时应根据工业企业的生产特性，以地形图作为底图，对主辅车间、动力运输设施、仓库、管网以及办公和生活设施等进行平面和垂直的布局。工业场地的平面布局主要包括确定建筑的主轴线和辅助轴线，以及建筑物的布局等方面，地形图的平面位置精度通常要求不超过 1 mm；在进行竖向布局时，需要对工厂区域的自然地形进行适当的平整和改造，以确保建设过程中的填挖方达到基本平衡。同时，也需要确定场地的平整高程，并设计建筑物的地坪高程、铁道轨顶高程、道路中心线高程以及管网高程。在设计这些高程时，必须充分考虑到地形特点和排水需求。如果室内地面比室外地面高出 0.15～0.5 m，则地下管道的最小埋设深度应为 0.6 m。因此，提供的地形图在高程上的精确度应当不低于 0.15 m。

二、线路工程的测量

铁路、公路、架空输电线路和输油管道等被统称为线路工程，而它们的中心线则称作线路。在进行一条线路工程的勘查和设计时，我们主要依据国家的规划和当地的自然地理条件来确定线路上最具经济效益和合理性的位置。

　　在线路的勘测和设计阶段，所进行的测量活动被称为线路测量，这为线路设计提供了必要的地形信息。线路的设计涉及社会、政治、经济、自然、地形、地质和水文等多个领域，通常需要分多个阶段来完成，勘查工作也应分阶段进行。不同的线路工程在勘察工作上有很多相似之处，现在我们以铁路工程为例进行说明。

　　铁路勘测设计的流程涵盖了方案设计、初步设计以及施工设计这三个主要阶段，其中勘测主要包括初测和定测这两个子阶段。

　　在方案设计阶段，设计师会利用现有的地形图资料，根据国家的具体需求，构思几种潜在的线路设计方案，并在深入分析和比较后，确定主要的设计方案。初步测量是基于方案设计所下达的勘查和设计任务书，目的是满足初步设计的需求，对一条或多条主要的线路进行各种形式的测量。初步测量涵盖线路的分级平面和高程控制测量，沿途实地选择地点、设置旗帜、标明线路方向，补充方案设计中未考虑的部分方案，沿着线路方向进行初步测量和地形测量，即绘制 1:5 000～1:2 000 的带状地形图（也称为初测地形图）。

　　设计人员在初测地形图上进行初步设计，报送审批，确定一个初步设计方案。定测是对批准的初步设计方案，将选定的线路测设到实地进行的有关测量。在进行线路测设的过程中，综合考虑地形、水文和地质等多方面因素，有可能对初步设计方案进行微小的局部优化，从而使线路运行更为经济和合理。

　　定测涵盖了中线测量、曲线测量、纵横断面测量、局部地形图测绘以及专项调查测量，目的是为施工设计收集必要的资料。

　　得益于测绘技术的不断进步，尤其是摄影测量的数字化成图技术，测量人员的工作强度得到了显著降低，工作效率也得到了提升。这不仅丰富了线路勘测的成果，还为设计人员提供了一个数字化的设计平台，使他们能够在高度逼真的数字地面高程模型上进行设计工作。

三、桥梁工程的测量

桥梁勘测设计阶段主要有以下测量工作。

（一）桥位平面和高程控制测量

建立平面和高程控制网，要求与国家和地方高等级已知的三角点和水准点进行联测。

（二）桥址定线测量

在控制测量的基础上，按一级导线测量精度在实地测设中线控制点（包括交点等）。

（三）桥址中线和断面测量

在桥址定线范围内，按照相关规范要求施测全桥中线纵断面，并编制纵断面资料。绘制 1:500 的断面图。根据设计需要，测绘若干桥墩（台）1:200 的横断面图。

（四）桥位地形测绘

测绘 1:500 比例尺的桥位陆地地形图，准确反映地形、地物现状。测量与桥址中线交叉的道路及管线的平面位置、高程及悬空高度等，同时测绘桥址中线上、下游一定范围内的河床地形图。

（五）桥址水文测量

包括洪水位调查、水面坡度测量以及流速流向测量。实测桥址中线上、下游一定范围内主河道上的水流流速和流向，按 1:500 比例尺绘制流向图。要求设置至少 8 条有效浮标测线，施测时要记录水位、风向和风速。可采用

前方交会法定位浮标，或在浮标上安装 GNSS 接收机测量浮标位置。

（六）船筏走行线测量

施测桥址中线上、下游一定范围内的航迹线，按 1:500 比例尺绘制桥址航迹线图。要求上、下行船舶各测 4 条左右，记录水位、船名、船型等信息。

（七）钻孔定位

根据地质勘探提供的坐标资料，实地测设钻孔位置并测量地面高程，提交钻孔定位资料表。

第二节　工程施工建设阶段和运营管理阶段的测量研究

一、工程施工建设阶段的测量研究

在工程施工的各个阶段，主要测量任务是进行施工放样（有时也称为测设），即对设计图上的建筑（或结构）进行整理。按照指定的位置、形态、尺寸和高度，在现场进行标定的测量任务，主要是为了满足工程施工的需求，同时也涵盖了工程监理的测量工作。为了实现这一目标，需要建立和维护施工的平面和高程控制网络，同时进行土石方的测量、局部地形图的绘制、施工期间的变形监测，以及施工结束后的竣工测量工作。

虽然施工放样和测量的基本原理相同，但其工作流程却截然不同。测量的目的是获取客观世界中被测物体或物体的具体位置信息（通过坐标和高程来表示），而放样则是基于设计物体或对象的位置数据来确定其在实际世界中的具体位置。在进行施工放样之前，必须依据总图运输设计、工程设计平面图和地形等多个因素来构建施工控制网络，并对施工测量控制点进行加密

处理。施工放样应依据控制点的坐标、高程以及放样点的设计位置进行，包括线（中线、轴线）、点和高程的放样。

在工程施工的各个阶段，工程监理测量起到了至关重要的作用，它不仅进行审查和检核，还进行监督，以确保工程的质量和进度得到保障。业主、施工方与监理方之间的关系如下：施工方的测量单位受到监理方测量主管的监管，而监理方则作为业主的代表来执行测量监督任务。在没有得到测量监理工程师签名的情况下，业主有权不向施工方支付任何费用。施工单位的测量与测量监理工作的重点存在显著差异。接下来，我们将通过公路和桥梁工程的测量监理工作进行详细说明。

（1）施工开始之前，必须对施工控制网进行再次测量和检验。根据原有的规范和网形进行再次测量，并与结果进行对比，同时检查施工中的加密控制点。

（2）对施工定线进行验收。在开始施工之前，需要仔细检查并验收施工方提供的参考点和相关数据，并检查施工定线。

（3）原始地面高程作为断面施工图和土石方计算的检查验收依据。

（4）对于桥梁的上部和下部结构，如 T 梁、板梁、现浇普通箱梁、现浇预应力箱梁的顶部高程放样检测，以及桩基础、承台、立柱、墩帽等部分的放样检测都需要进行检查。

（5）对每一层路基的厚度、平整性、宽度，以及纵向和横向坡度进行随机检查。

（6）对施工团队的内部资料进行审核。

（7）对施工方提交的施工图纸进行审核，并在必要的情况下进行额外测量，以确保所有相关资料的准确性和完整性。

施工控制网作为整个工程建设的基础，有必要进行建立和持续维护。在施工阶段，局部地形图的测绘和竣工测量是关键环节，而在施工期间，变形监测是必不可少的。

二、工程运营管理阶段的测量研究

工程运营管理阶段的测量工作主要是工程建筑物的变形监测，变形监测又称变形观测、变形测量，有时亦称健康监测或安全监测，本书统称为变形监测。所谓变形，是指监测点的位置变化，以及被监测对象的位移、沉降、倾斜、摆动、振动等各种变化；所指的监测，实际上是通过测量方法，以定期、动态或持续的方式进行描述。变形监测工作涵盖了构建变形监测网络，并对水平位移、沉降、倾斜裂缝、挠度、摆动以及振动等方面进行全面监测。在工程勘测设计和施工建设的各个阶段，变形监测都是不可或缺的。例如，为了准确确定某大型水电站的坝址位置，我们对坝址下游附近的一个滑坡区域进行了长时间监测，以评估其可能对大坝和电站发电造成的潜在危害。在高层建筑从基础挖掘到完工的整个建设过程中，变形监测是必不可少的。根据相关规范，所有大型和中型电站在其运营期间必须对大坝的变形进行监测，这包括大坝内部的变形观察（从内部看）和大坝外部的变形观察（从外部看）。在众多的变形监测项目中，除了要对位移、沉降、倾斜等几何参数进行监测外，还需对应力、应变、渗流、渗压、风力、风速、水位、水压和各种温度等物理参数进行测量，以供后续的变形分析使用。在某些情况下，变形监测所需的精确度可能是当前测量技术所能实现的最高标准，这需要投入大量的人力、物资和资金。对大型特种精密工程而言，进行变形监测是至关重要的，它不仅是人类永久的测量任务，也是工程测量中最令人印象深刻的部分。变形分析涉及众多学术领域和专业知识。

在交叉学科中，变形监测分析旨在进行变形的预测，以实施必要的预防和治理措施，确保工程能够安全运行，并验证设计的正确性，从而为工程设计提供科学依据。变形监测构成基础，变形分析为实施手段，而变形预测则是最终目标。

第三节　工程测量信息管理

在工程建设的各个环节中，测量信息管理都是一个普遍存在的问题。工程测量信息管理的核心目标是确保测量信息的收集、处理、更新、管理和应用能够实现数字化、一体化、自动化、智能化和网络化。

例如，在勘测设计的阶段，数字摄影测量技术能够提供 4D 产品，实现地面大比例尺的测图和水下地形的数字化测量，这为勘测设计的一体化奠定了基础。同时，电子全站仪、电子水准仪和 GNSS 接收机的广泛应用也为测量信息的自动采集、处理和管理奠定了基础。随着计算机科学与信息科学的持续进步，工程测量信息管理已经从文件管理和数据库管理逐渐演变为信息系统管理，这极大地简化了工程测量数据的处理、刷新、使用以及管理过程。

工程测量信息系统主要以工程测量数据为核心，并为各种工程项目提供服务，如勘测设计集成系统、施工测量与放样信息系统、大坝形变监测信息系统以及城市地下管道网络信息系统等。这是一个专门针对地理信息的系统，负责管理与工程相关的测量和工程数据，以满足工程的特定需求，因此也可以被视为一个工程信息系统。

在国内，大坝安全监测自动化、监测数据管理以及大坝安全性评估方面都取得了显著进展。例如，已经开发出大坝安全自动监测系统、大坝外观变形 GNSS 自动化监测系统、大坝安全监控信息管理系统以及大坝安全综合评价专家系统等。大坝管理的综合信息系统主要由以下几个子系统组成：数据采集子系统、大坝安全监测数据库、坝区地理信息子系统、办公自动化系统、大坝信息发布子系统、安全评价子系统、灾害仿真子系统以及系统维护子系统。以下是各个子系统的功能描述。

（1）数据采集子系统包括大坝的水平和垂直位移监测网络，以及大坝所有的内部和外部项目，还有坝区的高边坡和库区的滑坡等，这些都需要进行

数据的采集、粗差的剔除、格式的转换和预处理等工作。

（2）大坝安全监测数据库是一个用于大坝变形分析、预测和安全性评估的基础数据共享平台，其功能涵盖了数据的检查、自动数据入库、数据的添加、删除、修改、查询、统计、报告以及数据的转换和输出等多个方面。

（3）坝区的地理信息子系统负责管理与大坝有关的各种地理信息，包括但不限于坝区的水下地形、特定区域内的地形和地质结构、各种类型的管道信息、交通状况以及房屋和土地的相关信息。结合大坝的安全监测数据，可以更好地为大坝的安全评估提供支持。

（4）办公自动化子系统的目的是为大坝管理部门提供网络化的无纸化办公解决方案。

（5）大坝信息发布子系统的主要功能是为部门内的员工提供与大坝相关的地理和图形信息以及数据库资料。部门外的群体则可以通过互联网或无线方式来获取可以公之于众的信息。

（6）安全评价子系统允许专家远程通过互联网访问该系统，以便对大坝的变形进行分析、预测和安全性评估，从而解决了我国大坝数量众多与安全评价专家稀缺之间的问题，实现了异地办公。

（7）灾害仿真子系统可以利用三维 GIS、虚拟现实建模语言 VRM1、JAVA 和可视化技术来模拟工程灾害，例如大坝的失事或溃坝过程，溃坝后的淹没情况，库区和坝区滑坡的发生和发展过程，以及滑坡引发的浪涌等。该系统能够模拟大坝的三维监测环境和设备，使得操作者和观众仿佛在大坝的外部和内部监测通道中自由漫游，感受到一种身临其境的体验。

（8）系统维护子系统涵盖了系统参数的配置、数据的保密措施、系统的维护和更新，以及确保系统的安全性和防护措施等方面。在选择系统开发平台时，我们需要考虑网络环境下的应用系统开发平台、地理信息系统的基础软件平台以及数据库平台等多个方面。在选择过程中，我们必须充分考虑数据的兼容性、开发难度、用户应用成本，以及系统的实用性、适应性、维护便捷性和可扩展性等关键因素。

　　信息系统设计包括数据库设计，要考虑用户要求，考虑系统的运行效率、可靠性、可修改性、灵活性、通用性和实用性等方面，进行数据库的逻辑模式设计、用户权限的设计、索引文件、中间文件或临时文件的设计以及视图的设计，还要进行系统的输入、输出和界面设计。一个功能完善的测量信息管理系统除包含数据库管理、内业计算分析和图形功能外，还应具有缓冲分析、叠置分析、地形分析等空间分析功能和可视化功能，图形与属性的相互操作等功能。

第五章　建筑施工测量

　　施工测量是工程施工阶段所进行的测量工作，目的是将设计图纸上规划设计的建筑物、构筑物的平面位置和高程，按要求使用相关技术和仪器，测设在拟建场地。施工测量作为施工的依据，用于衔接和指导各工序间的施工。在建筑施工场地上，由于工种多、交叉作业频繁，并伴随大量的土方填挖，地面变动较大。原来勘测阶段所建立的测量控制点大部分是为测图布设的，而不是用于施工，即使保存下来的也不符合要求。因此，为了使施工能分区、分期地按一定顺序进行，并保证施工测量的精度和施工速度，在施工之前，建筑场地上需要建立统一的施工控制网。施工控制网包括平面控制网和高程控制网，是建筑施工测量的基础。

第一节　建筑施工控制测量

　　建筑施工控制网的布设形式应根据建筑物的总体布置、建筑场地的大小以及测区的地形条件等因素来确定。在大中型建筑施工场地上，施工控制网一般布置成正方形或矩形的网格，称为建筑方格网。在面积较小又不十分复杂的建筑施工场地上，通常布置一条或几条相互垂直的基线，称为建筑基线。对于山区或丘陵地区建立方格网或建筑基线比较困难时，宜采用导线网或三

角网来代替。

一、施工控制网的原则和特点

（一）施工控制网的原则

由于施工测量的精度要求较高，施工现场各种建筑物的分布面广，且往往同时开工兴建。因此，为保证各建筑物测设的平面位置和高程具有相同的精度并符合设计要求，施工测量和测绘地形图一样，必须遵循"由整体到局部、先高级后低级、先控制后碎部"的原则进行组织实施。对于大中型工程的施工测量，要先在施工区域内布设施工控制网，要求分为两级，即首级控制网和加密控制网。首级控制点相对固定，布设在施工场地周围不受施工干扰且地质条件良好的地方。加密控制点则直接用于测设建筑物的轴线和细部点。不论是平面控制还是高程控制，在测设细部点时要求一站到位，减少误差的累积。

施工控制网的建立也应遵循"先整体，后局部"的原则，按照由高精度到低精度的顺序进行。即首先在施工现场，根据建筑设计总平面图和现场的实际情况，以原有的测图控制点为定位条件，建立统一的施工平面控制网和高程控制网。然后以此为基础，测设建筑物的主轴线，再根据主轴线测设建筑物的细部。

（二）施工控制网的特点

施工控制网相较于测图控制网，具有以下两个特点：

1. 控制点密度大、控制范围小、精度要求高

施工控制网的精度要求应以建筑限差来确定，而建筑限差又是工程验收的标准。因此，施工控制网的精度要高于测图控制网的精度。通常建筑场地比测图范围小，在小范围内，各种建筑物分布错综复杂，放样工作量大，这

就要求施工控制点有足够的密度，且合理分布，以便放样时能够灵活选择使用控制点。

2. 受干扰性大，使用频繁

现代化施工常常采用立体交叉作业的方式，施工机械的频繁活动、人员的交叉往来、施工标高相差悬殊等因素，都会造成控制点之间的通视困难，使控制点容易碰动、不易保存。此外，建筑物施工的各个阶段都需要测量定位，因此控制点使用频繁。这要求控制点必须埋设稳固，使用方便，并便于长期保存和通视。

（三）施工控制网的布设形式

施工控制网的布设形式应以经济、合理和适用为原则，根据建筑设计总平面图和施工现场的地形条件来确定。对于地形起伏较大的山区建筑场地，可充分扩展原有的测图控制网，作为施工定位的依据。对于地形较平坦但通视较困难的建筑场地，可采用导线网。对于地形平坦且面积不大的建筑小区，通常布设一条或几条建筑基线，组成简单的图形，作为施工测量的依据。对于地形平坦、建筑物多为矩形且布置较规则的大型建筑场地，通常采用建筑方格网。总之，施工控制网的布设形式应与建筑设计总平面的布局相一致。

当施工控制网采用导线网时，若建筑场地大于 1 km² 或属于重要工业区，则需要按一级导线建立；若建筑场地小于 1 km² 或在一般性建筑区，可按二、三级导线建立。当施工控制网采用原有的测图控制网时，应进行复测检查，无误后方可使用。

二、建筑基线

建筑基线应邻近建筑物，平行或垂直于主体结构或主要建筑物的轴线，以便使用比较简单的直角坐标法进行建筑物的放样。较长的基线尽可能布设

在建筑场地中央位置。根据建筑物的规划分布并结合场地状况，建筑基线通常可布置成三点直线形、三点直角形、四点丁字形和五点十字形等多种形式，可以结合具体情况灵活选用。建筑基线的布设要求如下：

（1）建筑基线应尽可能靠近拟建的主要建筑物，并与其主要轴线平行，以便使用简单的直角坐标法进行建筑物的放样。

（2）建筑基线上的基线点应不少于三个，以便进行相互检核。

（3）建筑基线应尽可能与施工场地的建筑红线构成联系。

（4）基线点位应选在通视良好和不易被破坏的地方，为能长期保存，基线点要埋设永久性的混凝土桩。

（5）根据施工场地的条件不同，建筑基线可以依据建筑红线或附近的已有控制点进行测设。

① 根据建筑红线测设建筑基线。由城市测绘规划部门测定的建筑用地界定基准线，称为建筑红线。在城市建设区域，建筑红线可作为建筑基线测设的依据。例如，AB、AC 建筑红线中，1、2、3 为建筑基线点，利用建筑红线测设建筑基线的方法如下：首先，从点 A 沿 AB 方向量取点 P，沿 AC 方向量取 d_2 定出点 Q。然后，过点 B 作 AB 的垂线，沿垂线量取 d_2 定出点 2，做出标志；过点 C 作 AC 的垂线，沿垂线量取 d_1 定出点 3，做出标志；用细线拉出直线 P_3 和 Q_2，两条直线的交点即为点 1，做出标志。最后，在点 1 安置全站仪，精确观测＜213，其与 90° 的差值应小于 $\pm 20''$。

② 根据附近已有控制点测设建筑基线。在待建建筑工程区域，可以利用建筑基线的设计坐标和附近已有控制点的坐标，用极坐标法测设建筑基线。例如，A、B 为附近已有控制点，1、2、3 为选定的建筑基线点。测设方法：首先，根据已知控制点和建筑基线点的坐标，计算出测设数据 β_1、D_1、β_2、D_2、β_3、D_3；然后，用极坐标法测设 1、2、3 点。由于存在测量误差，测设的基线点往往不在同一直线上，且点与点之间的距离与设计值也可能不完全相符，此时需进行点位调整处理。

三、建筑方格网

由正方形或矩形组成的施工平面控制网称为建筑方格网，或称矩形网。建筑方格网适用于按矩形布置的建筑群或大型建筑场地。布设建筑方格网时，应根据总平面图上各建筑物、构筑物、道路及各类管线的布置，结合现场的地形条件来确定。首先确定方格网的主轴线 AOB 和 COD，然后再布设方格网。建筑方格网主轴线测设与建筑基线测设方法相似。首先，准备测设数据。然后，测设两条互相垂直的主轴线 AOB 和 COD。主轴线由五个主点 A、B、O、C 和 D 组成。最后，精确检测主轴线点的相对位置关系，并与设计值比较，如果超限，则需进行调整。建筑方格网主轴线测设后，分别在主点 A、B 和 C、D 安置经纬仪，后视主点 O，向左右测设 90° 水平角，即可交会出田字形方格网点。随后再进行检核，测量相邻两点间的距离，看是否与设计值相等，测量其角度是否为 90°，误差均应在允许范围内，并埋设标志点。

四、施工场地的高程控制测量

建筑工程施工区域的高程控制网应布设成闭合环线、附和路线或节点网。大中型施工项目的场区高程测量精度不应低于三等水准。场区水准点可单独布设在场地相对稳定的区域，也可设置在地面控制点的标石上。水准点间距不宜小于 1 km，距离建（构）筑物不宜小于 25 m，距离回填土边线不宜小于 15 m。建筑施工场地的高程控制测量一般采用水准测量方法，应根据施工场地附近的国家或城市已知水准点，测定施工场地水准点的高程，以便纳入统一的高程系统。在施工场地上，水准点的密度应尽可能满足安置一次仪器即可测设出所需的高程。测图时布设的水准点往往由于场地的平整部分被破坏，因此，还需增设一些水准点。在一般情况下，建筑基线点、建筑方格网点以及导线点也可兼作高程控制点。为了便于检核和提高测量精度，施

工场地高程控制网应布设成闭合或附和路线。高程控制网可分为首级网和加密网，相应的水准点称为基本水准点和施工水准点。基本水准点应布设在土质坚实、不受施工影响、无震动且便于实测的地方，并埋设永久性标志。一般情况下，按四等水准测量的方法测定其高程，而对于连续性生产车间或地下管道测设所建立的基本水准点，则须按三等水准测量的方法测定其高程。施工水准点是用来直接测设建筑物高程的。为了测设方便和减少误差，施工水准点应靠近建筑物。此外，由于设计建筑物常以底层室内地坪高±0标高为高程起算面，为了施工和测设方便，常在建筑物内部或附近测设±0水准点。±0水准点的位置一般选在稳定的建筑物墙、柱的侧面，用红漆绘成顶部为水平线的"▼"形，其顶端表示±0位置。

第二节　民用建筑的施工测量

民用建筑是指供人们居住、生活和进行社会活动用的建筑物，如住宅、医院、办公楼和学校等。民用建筑分为单层、低层、多层和高层。由于其类型、结构和层数各不相同，施工测量的方法和精度要求也有所不同。民用建筑施工测量的主要任务是按照设计要求，将建筑物的平面位置和高程测设出来。

一、测量前的准备工作

在进行多层民用建筑施工测量前，需要做好以下准备工作。

（一）熟悉图纸

设计图纸是施工测量的主要依据，测设点位之前应充分熟悉各种有关的设计图纸，了解施工建筑物与相邻地物的相互关系以及建筑物本身的内部尺

寸关系，准确无误地获取测设工作中所需要的各种定位数据。检查图纸尺寸标示是否有错误，与测设工作有关的设计图纸主要有：建筑总平面图、建筑平面图、基础平面图、基础详图、立面图和剖面图等。

（二）现场踏勘

为了解建筑施工现场上地物、地貌以及原有测量控制点的分布情况，应进行现场踏勘，并对建筑施工现场上的平面控制点和水准点进行检核，以便获得正确的测量数据，然后根据实际情况考虑测设方案。

（三）确定测设方案和准备测设数据

在熟悉设计图纸、掌握施工组织设计和施工进度的基础上，结合现场条件和实际情况，在满足工程测量规范的建筑物施工放样的主要技术要求的前提下，拟定测设方案。测设方案包括测设方法、测设步骤、采用的测量仪器工具、精度要求、时间安排和绘制测设略图。

二、定位测量

由于在开挖基槽时，角桩和中心桩要被挖掉，为了便于在施工中恢复各轴线位置，应把各轴线延长到基槽外安全地点，并做好标志。其方法有设置轴线控制桩和龙门板两种形式。

（一）设置轴线控制桩

轴线控制桩设置在基槽外，基础轴线的延长线上，作为开槽后各施工阶段恢复轴线的依据。轴线控制桩一般设置在基槽外 2～4 m 处，打下木桩，木桩顶端钉上小钉，准确标出轴线位置，并用混凝土包裹木桩。如附近有建筑物，亦可把轴线投测到建筑物上，用红漆做出标志，以代替轴线控制桩。

（二）设置龙门板

在小型民用建筑施工中，常将各轴线引测到基槽外的水平木板上。水平木板称为龙门板，固定龙门板的木桩称为龙门桩。

三、基础施工测量

（一）基槽抄平

建筑施工中的高程测设，又称抄平。为了控制基槽的开挖深度，当快挖到槽底设计标高时，应用水准仪根据地面上±0.000 m 点，在槽壁上测设一些水平小木桩，即水平桩，使木桩的上表面离槽底的设计标高为一固定值如0.500 m。

为了施工时使用方便，一般在槽壁各拐角处、深度变化处和基槽壁上每隔 3～4 m 测设一水平桩。水平桩可作为挖槽深度、修平槽底和打基础垫层的依据。必要时，可沿水平桩上表面拉上白线绳，作为清理槽底和打基础垫层时掌握高程的依据。

（二）垫层中线投测与高程控制

基础垫层打好后，根据轴线控制桩或龙门板上的轴线钉，用经纬仪或用拉绳挂垂球的方法，把轴线投测到垫层上，并用墨线弹出墙中心线和基础边线，作为砌筑基础的依据。

由于整个墙身砌筑均以此线为准，这是确定建筑物位置的关键环节，所以要严格校核后方可进行砌筑施工。

（三）基础墙抄平与轴线投测

房屋基础墙是指±0.000 m 以下的砖墙，它的高度是用基础皮数杆来控

制的。

基础施工结束后，应检查基础面的标高是否符合设计要求，也可检查防潮层。可用水准仪测量出基础面上若干点的高程和设计高程进行比较，其允许误差为±10 mm。

四、墙体施工测量

（一）首层楼房墙体施工测量

1. 墙体轴线测设

基础施工结束后，应对龙门板或轴线控制桩进行检查复核，以防基础施工期间发生碰动移位。复核无误后，可根据轴线控制桩或龙门板上的轴线钉，用经纬仪（全站仪）或拉线法，把首层楼房的墙体轴线测设到防潮层上，并弹出墨线，然后用钢尺检查墙体轴线的间距和总长是否等于设计值，用经纬仪（全站仪）检查外墙轴线四个主要交角是否等于90°。符合要求后，把墙线延长到基础外墙侧面上并弹线和做出标志，作为向上投测各层楼墙体轴线的依据。同时还应把门、窗和其他洞口的边线也在基础外墙侧面上做出标志。

墙体砌筑前，根据墙体轴线和墙体厚度，弹出墙体边线，照此进行墙体砌筑。砌筑到一定高度后，用吊锤线将基础外墙侧面上的轴线引测到地面以上的墙体上，以免基础覆土后看不见轴线标志。如果轴线处是钢筋混凝土柱，则在拆柱模后将轴线引测到柱身上。

2. 墙体标高测设

墙体砌筑时，其标高用墙身"皮数杆"控制。在皮数杆上根据设计尺寸，按砖和灰缝厚度画线，并标明门、窗、过梁、楼板等的标高位置。杆上标高的注记从±0向上增加。

墙身皮数杆一般立在建筑物的拐角和内墙处，固定在木桩或基础墙上。

为了便于施工，采用里脚手架时，皮数杆立在墙的外面；采用外脚手架时，皮数杆立在墙的里面。立皮数杆时，先用水准仪在立杆处的木桩或基础墙上测设出标高线，测量误差在 ±3 mm 以内，然后把皮数杆上的 ±0 标高线与该线对齐，用吊锤校正并用钉牢，必要时可在皮数杆上加两根斜撑。

墙体砌筑到一定高度后（1.5 m）左右，应在内、外墙面上测设出 ±0.50 m 标高的水平墨线，称为 +50 线。外墙的 +50 线作为向上传递各楼层标高的依据，内墙的 +50 线作为室内地面施工及室内装修的标高依据。

（二）二层以上楼房墙体施工测量

每层楼面建好后，为了保证继续往上砌筑墙体时，墙体轴线均与基础轴线在同一铅垂面上，应将基础或首层墙面上的轴线投测到楼面上，并在楼面上重新弹出墙体的轴线，检查无误后，以此为依据弹出墙体边线，再往上砌筑。在这个测量工作中，从下往上进行轴线投测是关键，一般多层建筑常用吊垂线法。

将较重的垂球悬挂在楼面的边缘，慢慢移动，使垂球尖对准地面上的轴线标志，或使吊垂线下部沿垂直墙面方向与底层墙面上的轴线标志对齐，吊垂线上部在楼面边缘的位置就是墙体轴线位置，在此画一条短线作为标志，便在楼面上得到轴线的一个端点，同法投测另一端点，两端点的连线即为墙体轴线。

一般应在建筑物的主轴线都投测到墙面上来，并弹出墨线，用钢尺检查轴线间的距离，其相对误差不得大于 1/3 000，符合要求之后，再以这些主轴线为依据，用钢尺内分法测设其他细部轴线。在困难的情况下至少要测设两条垂直相交的主轴线，检查交角合格后，用经纬仪和钢尺（全站仪）测设其他主轴线，再根据主轴线测设其他细部轴线。

吊垂线法受风的影响较大，楼层较高时风的影响更大，因此应在风小的时间作业，投测时应等待吊垂稳定下来后再在楼面上定点。此外，每层楼面的轴线均应直接由底层投测上来，以保证建筑物的总竖直度。只要注意这些

问题，用吊垂线法进行多层楼房的轴线投测的精度是有保证的。

墙体标高传递：多层建筑物施工中，要由下往上将标高传递到新的施工楼层，以控制新楼层的墙体施工，使其标高符合设计要求。标高传递一般有以下两种方法。

1. 利用皮数杆传递标高

一层楼墙体砌完并建好楼面后，把皮数杆移到二层继续使用。为了使皮数杆立在同一水平面上，用水准仪测定楼面四角的标高，取其平均值作为二层地面的标高，并在立杆处绘出标高线，立杆时将皮数杆的±0 标高线与该线对齐，然后以皮数杆为标高依据进行墙体砌筑。如此同样方法逐层往上传递高程。

2. 利用钢尺传递标高

在标高精度要求较高时，可用钢尺从底层的＋50 标高线起往上直接丈量，把标高传递到二层，然后根据传递上来的高程测设第二层的地面标高线，以此为依据立皮数杆。在墙体砌筑到一定高度后，用水准仪测设该层的＋50 标高线，再往上一层的标高可以以此为准用钢尺传递，以此类推，逐层传递标高。

五、高层建筑施工测量

在高层建筑工程施工测量中，由于高层建筑物的体形大、层数多、高度高，造型多样化建筑结构复杂，设备和装修标准较高。因此，在施工过程中对建筑物各部位的水平位置、垂直度及轴线尺寸、标高等的精度要求都十分严格。对施工测量的精度要求也高。为确保施工测量符合精度要求，应事先认真研究和制订测量方案，拟定出各种误差控制和检核措施，所用的测量仪器应符合精度要求，并按规定认真检校。

此外，由于高层建筑工程量大，机械化程度高，各种工种立体交叉大、

施工组织严密，因此施工测量应做好准备工作，密切配合工程进度，以便及时、快速和准确地进行测量放线，为下一步施工提供平面和标高依据。

高层建筑施工测量的工作内容很多，下面主要介绍建筑物定位、基础施工、轴线投测和高程传递等几方面的测量工作。

（一）高层建筑定位测量

1. 测设施工方格网

根据设计给定的定位依据和定位条件，进行高层建筑的定位放线，是确定建筑物平面位置和进行基础施工的关键环节，施测时必须保证精度，因此一般采用测设专用的施工方格网的形式来定位，因为施工方格网精度有保证，检核条件多，使用方便。

施工方格网是测设在基坑开挖范围以外一定距离，平行于建筑物主轴线方向的矩形控制网。为拟建高层建筑的四个大角轴线交点，是施工方格网的4个角点。施工方格网一般在总平面布置图上进行设计，先根据现场情况确定其各条边与建筑轴线的间距，再确定4个角点的坐标，然后在现场根据城市测量控制网或建筑场地上测量控制网，用极坐标法或直角坐标法，在现场测设出来并打桩。最后还应在现场检测方格网的4个内角和4条边长，并按设计角度和尺寸进行相应的调整。

2. 测设主轴线控制桩

在施工方格网的四边上，根据建筑物主要轴线与方格网的间距，测设主要轴线的控制桩。例如，IS、1N 为轴线 MP 的控制桩，8S、8N 为轴线 NQ 的控制桩，AW、AE 为轴线 MN 的控制桩，HW、HE 为轴线 PQ 的控制桩，测设时要以施工方格网各边的两端控制点为准，用经纬仪定线，用钢尺量距打桩定点。测设好这些轴线控制桩后，施工时便可方便准确地在现场确定建筑物的4个主要角点。

因为高层建筑的主轴线上往往是柱或剪力墙，施工中通视和量距困难，

为了便于使用，实际上一般是测设主轴线的平行线。由于其作用和效果与主轴线完全一样，为了方便起见，这里仍称为主轴线。除了四廓的轴线外，建筑物的中轴线等重要轴线也应在施工方格网边线上测设出来，与四廓的轴线一起，称为施工控制网中的控制线。一般要求控制线的间距为 30～50 m。控制线的增多，可为以后测设细部轴线带来方便，也便于校核轴线偏差。如果高层建筑是分期分区施工，为满足局部区域定位测量的需要，应把对该局部区域有控制意义的轴线在施工方格网边线上测设出来。施工方格网控制线的测距精度不低于 1/10 000，测角精度不低于 ±10″。

如果高层建筑准备用全站仪或经纬仪进行轴线测设，还应把投测轴线的控制桩往更远处安全稳固的地方引测，例如，4 条外廓主轴线是今后往高处投测的主轴线，用经纬仪引测，得到 HW1、HE1 等 8 个轴线控制桩，这些桩与建筑物的距离应大于建筑物的高度，以免用经纬仪投测时仰角太大。

（二）高层建筑基础施工测量

1. 测设基坑开挖边线

高层建筑一般都有地下室，因此需要进行基坑开挖。开挖前，首先根据建筑物的轴线控制桩确定角桩及建筑物的外围边线，然后考虑边坡的坡度和基础施工所需工作面的宽度，测设出基坑的开挖边线并撒出灰线。

2. 基坑开挖时的测量工作

高层建筑的基坑一般都很深，需要放坡并进行边坡支护加固。在开挖过程中，除了用水准仪控制开挖深度外，还应经常使用经纬仪或拉线检查边坡的位置，防止出现坑底边线内收，从而导致基础位置不足。

3. 基础放线及标高控制

（1）基础放线。基坑开挖完成后，主要有三种情况：一是直接打垫层，然后做箱形基础或筏板基础，此时要求在垫层上测设基础的各条边界线、梁

轴线、墙宽线和柱位线等；二是在基坑底部打桩或挖孔，做桩基础，此时要求在坑底测设各条轴线和桩孔的定位线，桩做完后，还需测设桩承台和承重梁的中心线；三是先做桩，然后在桩上做箱基或筏基，形成复合基础，此时的测量工作是前两种情况的结合。

测设轴线时，有时为了便于通视和量距，不是测设真正的轴线，而是测设平行线，此时一定要在现场标注清楚，以免用错。此外，一些基础桩、梁、柱、墙的中线可能不与建筑轴线重合，而是偏移某个尺寸，因此要认真按图施测，防止出错。

如果是在垫层上放线，可以将有关轴线和边线直接用墨线弹在垫层上。由于基础轴线的位置决定了整个高层建筑的平面位置和尺寸，因此施测时要严格检核，以确保精度。如果是在基坑下做桩基，则测设轴线和桩位时，宜在基坑护壁上设立轴线控制桩，以便能长期保留，也便于施工时复核桩位和测设桩顶上的承台和基础梁等。

从地面往下投测轴线时，一般采用经纬仪投测法。由于俯角较大，为了减少误差，每个轴线点应盘左、盘右各投测一次，然后取中数。

（2）基础标高测设。基坑完成后，应及时使用水准仪根据地面上的±0.000水平线将高程引测到坑底，并在基坑护坡的钢板或混凝土桩上做好负整米数的标高线。由于基坑较深，引测时可多设几站观测，也可以用悬吊钢尺代替水准尺进行观测。

（三）高层建筑的轴线投测

随着结构的升高，首层轴线需逐层往上投测作为施工依据。此时，建筑物主轴线的投测尤为重要，因为它们是各层放线和结构垂直度控制的依据。随着高层建筑设计高度的增加，施工中对竖向偏差的控制要求也越来越高，轴线竖向投测的精度和方法必须与此适应，以保证工程质量。

有关规范对于不同结构的高层建筑施工的竖向精度有不同的要求，见下表：H为建筑总高度。为了保证总体竖向施工误差不超限，层间垂直度

测量偏差不应超过 3 mm，建筑全高垂直度测量偏差不应超过 $3H/10\,000$；当 30 m＜H＜60 m 时，偏差±10 mm；当 60 m＜H＜90 m 时，偏差±15 mm；当 H＞90 m 时，偏差±20 mm。

表 5-1　高层建筑竖向及标高施工偏差限差

结构类型	竖向施工偏差限差/mm		标高偏差限差/mm	
	每层	全高	每层	全高
现浇混凝土	8	$H/1\,000$（最大 30）	±10	±30
装配式框架	5	$H/1\,000$（最大 20）	±5	±30
大模板施工	5	$H/1\,000$（最大 30）	±10	±30
滑模施工	5	$H/1\,000$（最大 50）	±10	±30

高层建筑轴线投测的方法常见有：经纬仪法、吊线坠法、垂准仪法等。

（四）高层建筑的高程传递

高层建筑各施工层的标高是由底层±0.000 m 标高线传递上来的。高层建筑施工的标高偏差限差见上表。

1. 用钢尺直接测置

一般情况下，使用钢尺沿建筑物外墙、边柱或楼梯间由底层±0.000 标高线向上竖直量出设计高差，即可得到施工层的设计标高线。在使用该方法进行高程传递时，应至少从三个底层标高线向上传递，以便相互校核。由底层传递到同一施工层的几个标高点必须用水准仪进行校核，检查各标高点是否在同一水平面上，其误差应不超过规范允许范围。合格后，以其平均标高为准，作为该层的地面标高。如果建筑高度超过一尺段长度，可以每隔一个尺段的高度精确测设新的起始标高线，作为继续向上传递高程的依据。

2. 利用皮数杆传递高程

在皮数杆上，从±0.000 标高线起，门窗口、过梁、楼板等构件的标高均已注明。在一层楼砌好后，则从一层皮数杆开始，按层次向上传递高程。

3. 悬吊钢尺法

在外墙或楼梯间悬吊一根钢尺，并分别在地面和楼面上安置水准仪，将高程传递到楼面上。用于高层建筑传递高程的钢尺应经过检定，量取高差时尺身应铅直并施加规定的拉力，并进行温度修正。

第三节　工业建筑的施工测量

在工业建筑中，以厂房为主体，工业厂房一般分为单层厂房和多层厂房，而厂房的柱子又分为预制混凝土柱子和钢结构混凝土柱子等。本节介绍最常用的预制混凝土柱子单层厂房在施工中的测量工作，其施工程序分为厂房控制网的测设、厂房柱列轴线测设、柱基施工测量和厂房构件的安装测量四个部分。

一、厂房矩形控制网的测设

工业厂房多为排柱式建筑，柱列轴线的测设精度要求较高。因此，常在建筑方格网的基础上建立矩形控制网。首先设计厂房控制网角点的坐标，再根据建筑方格网用直角坐标法将厂房控制网测设在地面上，然后按照厂房跨距和柱子间距，在厂房控制网上定出柱列轴线。具体做法如下：

例如，先根据厂房四个角点的坐标，在基坑开挖线以外 1.5 m 的距离设计（计算）出厂房控制网四个角点 U、T、S、R 的坐标。测设时安置经纬仪在厂区矩形控制网方格点 E 上，瞄准另一方格点 F，用钢尺从 E 点沿 EF 方向精确测设一段距离等于 E、U 两点的横坐标差，定出 M 点。同样，从 F 点测设一段距离等于 F、R 两点的横坐标差，定出 N 点。然后将经纬仪安置在 M 点，根据 MF 方向用正倒镜测设 270°角，定出 MT 方向。沿此方向精确测设在地上定出 MU、MT 两点，打入木桩并在桩顶划"＋"。同法再置仪

器于 N 点，定出 R、S 两点，即得厂房控制网 U、T、R、S 四点。最后检查 ∠T、∠S 是否等于 90°，TS 是否等于设计长度，如果角度误差不超过 10″，边长误差不超过 1/10 000，则认为符合精度要求。当然，也可以根据厂房角点的设计坐标采用极坐标法标定上述点位。

二、柱列轴线的测设

在厂房矩形控制网测设后，就可在此基础上定出柱列轴线。测设方法为：首先用钢尺在矩形格网各边上按每根柱子的设计间距（或其整数倍，如 12 m、24 m、48 m 等）钉出距离指标桩，然后根据距离指标桩按柱子间距或跨距定出柱列轴线桩（或称轴线控制桩），在桩顶钉上小钉，标明柱列轴线序号，作为基坑放样的依据。

三、柱基施工测量

（一）柱基测设

柱基测设就是根据柱基础平面图和基础大样图的有关尺寸，把基坑开挖的边线用白灰标示出来以便挖坑。为此，需要安置两台经纬仪在相应的轴线控制桩上，根据柱列轴线在地上交出各柱基定位点，然后按照基础大样图的有关尺寸，用特制角尺，根据定位轴线和定位点放出基坑开挖线，用白灰标明开挖范围，并在坑的四周钉四个小木桩，柱顶钉一小钉作为修坑和立模板的依据。在进行柱基测设时，应注意定位轴线不一定都是基础中心线，一个厂房的柱基类型很多，尺寸不一，测设时要特别细心。

（二）基坑抄平

当基坑挖到一定深度时，应在坑壁四周离坑底设计高程 0.3～0.5 m 处设置几个水平柱，作为基坑修坡和清底的高程依据。此外，还应在基坑内测出

垫层的高程，即在坑底设置小木桩，桩顶恰好等于垫层的设计高程。

（三）基础模板的定位

打好垫层之后，根据坑边定位小木桩，用拉线的方法，吊垂球把柱基定位线投到基坑的垫层上，然后用墨斗弹出墨线，用红油漆画出标记，作为柱基立模板和布置钢筋的依据。立模板时，将模板底线对准垫层上的定位线，并用垂球检查模板是否竖直，最后将柱基顶面设计高程测设在模板内壁上。

四、厂房构件安装测量

装配式单层工业厂房主要由柱子、吊车梁、屋架、天窗架和屋面板等构件组成，这些构件都是按照一定的尺寸预制的。因此，安装时必须保证各个部件的位置正确。下面介绍柱子、吊车梁和吊车轨道等构件的安装与校正工作。

（一）柱子的安装测量

柱子安装之后应满足以下设计要求：柱脚中心线必须对准柱列中心线；柱身必须竖直，柱顶面高程应与设计值相同。具体做法如下。

1. 吊装前的准备工作

柱子吊装以前，应根据轴线控制桩把定位轴线投测到杯形基础顶面上，并用墨线标明，同时还要在杯口内壁测设一条标高线，使从标高线向下量取一个整分米数即到杯底的设计标高，并在柱子的三个侧面均弹出柱中心线和高程标志，以便安装校正。

2. 柱长检查与杯底抄平

杯底高程加上柱子的设计长度 L，应等于柱顶（称为牛腿面）高程 H_2。但柱子在制作时由于工艺和模板等原因，不可能使柱子的实际尺寸和设计尺

寸一样，为了解决该问题，往往在浇筑基础时把基础底面标高降低 2～5 cm，然后用钢尺从牛腿顶面沿柱子边量到柱底，按照各个柱子的实际长度，用砂浆在杯底进行找平，使牛腿面高程等于设计高程，允许误差为±5 mm。

3. 安装柱子时的竖直校正

柱子插入杯口后，用楔子临时将其固定，首先应使柱身基本垂直，然后敲击楔子，使柱底中线与杯口中线对齐，偏差不超过±5 mm。接着进行柱子竖直校正，用两台经纬仪分别安置在互相垂直的两条柱列中线上，离开柱子的距离约为柱高的 1.5 倍。先瞄准柱子下部中心线，再抬高望远镜，检查柱中心线是否一直在同一竖直面内。如有偏差，则指挥吊装人员用拉线进行调整。正镜使柱子定位后，立即倒镜再测量一次，如正、倒镜观测结果有偏差，则取其中数再进行调整，直至竖直为止。

在实际工作中，往往是把数根柱子都竖起来同时进行校正。这时，可把仪器安置在轴线的一侧，并尽可能地靠近轴线，与中心线的夹角β不超过15°。这样一次可以校正数根柱子。

（二）吊车梁的安装测量

吊车梁的安装应满足下列要求：梁顶高程与设计高程一致，梁的上下中线应和吊车轨道的设计中心线在同一竖直面内。具体做法是：

1. 牛腿面抄平

用水准仪根据水准点检查柱子±0 标高，如果检测误差不超过±5 mm，则原±0 标高不变，如果误差超过±5 mm，则重新测设±0 标高位置，并以此结果作为修正牛腿面的依据。

2. 吊车梁的中心线投点

根据控制桩或杯口柱列中心线，按设计数据在地面上测出吊车梁的中心线点，钉木桩标志。然后安置经纬仪于一端后视另一端，抬高望远镜将吊车

梁中心线投到每个牛腿面上，如果与柱子吊装前所画的中心线不一致，则以新投的中心线作为定位的依据。

3. 吊车梁的安装

在吊车梁安装前，已在梁的两端以及梁面上弹出梁中心线的位置。因此，使梁中心线和牛腿面上的中心线对齐即可。

（三）吊车轨道安装测量

安装吊车轨道前，先要对吊车梁上的中心线进行检测，此项检测多用平行线法。首先在地面上从吊车轨道中心线向厂房中心线方向量出 1 m 长度，得平行线 EE'。然后安置经纬仪于平行线一端 E 点上，瞄准另一点 E'。固定照准部，仰起望远镜投测。此时，另一人在梁上移动横放的木尺，当视线正对木尺上 1 m 刻画时，尺的零点应与梁面上的中心重合。如不重合，应予校正。同法可检测另一条吊车轨道中心线。

吊车轨道中心线安装就位后，可将水准仪安置在吊车梁上，水准尺直接放在轨道顶上进行检测，每隔 3 m 测一点高程，与设计高程相比较，误差应在 ±3 mm 以内。最后还要用钢尺检查两吊车轨道间跨距，与设计跨距相比较，误差不得超过 ±5 mm。

第四节　建筑物的变形观测

随着我国经济的发展，各种复杂而大型的建筑物日益增多。在建筑物的建造过程中，由于建筑物基础的地质构造不均匀，土壤的物理性质不同，大气温度的变化，土基的塑性变形，地下水位季节性和周期性的变化，建筑物本身的荷重，建筑物的结构及动荷载的作用等因素，使建筑物发生沉降、位移、挠曲、倾斜及裂缝等现象。为了不影响建筑物的正常使用，保证工程质

量和安全生产，必须在建筑物建设之前、建设过程中，以及交付使用期间，对建筑物进行变形观测。目前，变形观测已成为工程建设中十分重要的测量工作。

建筑物的变形观测主要是根据具体工作布设基准点和变形点，能对建筑物进行沉降观测、水平位移观测、倾斜观测、裂缝观测和数据处理。

随着建筑物的建造，建筑物的基础和地基所承受的荷载不断增加，引起基础及其四周地层的变化，而建筑物本身因基础变形及其外部荷载与内部应力的作用，也要发生变形。这种变形在一定范围内可视为正常现象，但如果超过某一限度就会影响建筑物的正常使用，严重的还会危及建筑物的安全。为了建筑物的安全使用，在建筑物施工和使用期间需要进行建筑物的变形观测。通过建筑物的变形观测所取得的数据，可分析和监视建筑物变形的情况，当发现有异常变化时，可以及时分析原因，采取有效措施，以保证工程的质量和安全生产，同时也为今后的设计积累资料。

建筑物变形的表现形式，主要为沉降、水平位移和倾斜，有的建筑物也可能产生挠曲和扭转，当建筑物的整体性受到破坏时，则可能产生裂缝。

变形指相对于稳定点的空间位置变化，所以在进行变形观测时，必须以稳定点为依据。这些稳定点称为基准点或控制点，变形观测同样遵循"先控制后碎部"的原则。

一、基准点的布设

无论是水平位移的观测还是垂直位移的观测，都要以稳固的点作为基准点，以求得变形点相对于基准点的位置变化。用作水平位移观测的基准点，要构成三角网、导线网等；对于用作垂直位移观测的基准点需构成水准网。由于对基准点的要求主要是稳定，所以都要选在变形区域以外，且地质条件稳定，附近没有震动源的地方。对于一些特大工程，如大型水坝等，基准点距变形点较远，无法根据这些点直接对变形点进行观测，所以还要在变形点

附近相对稳定的位置，设立一些可以利用来直接对变形点进行观测的点作为过渡点，这些点称为工作基点。工作基点离变形体较近，可能也有变形，因而也要周期性地进行观测。

高程基准点的数目不应少于 3 个，因为少于 3 个时，如果有一个发生变化，就难于判定哪一点发生了变化。根据地质条件的不同，高程基准点（包括工作基点）可采用深埋式或浅埋式水准点。深埋式是通过钻孔埋设在基岩上；浅埋式的与一般水准点相同。点的顶部均设有半球状的不锈钢或铜质标志。

二、变形点的布设

在变形观测时，不可能对建筑物所有点都进行观测，而只是观测一部分有代表性的点，这些点称为变形点或观测点。变形点要与建筑物固定在一起，以保证它与建筑物一起变化。变形点要设立标志，变形点的位置和数量，要能够全面反映建筑物变形的情况，并顾及便于观测。

高层建筑物应沿其周围每隔 15～30 m 设一点，房角、纵横墙连接处以及沉降缝的两侧均应设置观测点。工业厂房的观测点可布置在基础柱子、承重墙及厂房转角、大型设备基础及较大荷载的周围。桥墩则应在墩顶的四角或垂直平分线的两端设置观测点。总之，观测点应设置在能表示出沉降特征的地点。

观测点的标志通常采用角钢、圆钢或铆钉，其高度应高出地面 0.5 m 左右，以便立水准尺。

三、沉降观测

（一）沉降观测时间

沉降观测时间和精度应根据工程性质、工程进度、地质条件、荷载增加

情况以及沉降情况等因素综合考虑。一般认为建筑在砂类土层上的建筑物，其沉降在施工期间已大部分完成，而建筑在黏土类土层上的建筑物，其沉降在施工期间只是整个沉降量的一部分，因而，沉降周期是变化的。通常在施工阶段，观测周期具体应视施工过程中地基与加荷而定。一般建筑物每 1～2 层楼面结构浇筑完成后就观测一次。如果中途停工时间较长，应在停工时和复工前各进行沉降观测一次。工程竣工后，应连续进行观测，观测时间间隔视沉降量的大小和速度而定。开始时，间隔短一些，以后随沉降速度的减慢，可逐渐延长观测周期直至沉降稳定为止。

（二）沉降观测的方法

一般精度要求的沉降观测，可以采用 DS3 型水准仪进行观测。沉降观测前应根据观测点、水准点设置情况，结合施工现场情况，把安置仪器位置、转点位置、观测点编号以及观测路线等固定下来，且各次观测均按此路线进行。观测应在成像清晰、稳定的条件下进行。仪器离前后视水准尺的距离要用皮尺丈量，或用视距法测量，视距一般不应超过 50 m。前后视距应尽量相等。前后视距用同一根水准尺。观测时先后视水准点，接着依次前视各观测点，最后再次后视水准点，前后两次读数之差不应超过 ±1 mm。

（三）成果整理

每次沉降观测之后，首先检查数据的记录和计算是否正确，检验精度是否符合要求，然后调整高差闭合差，继而推算各观测点的高程，最后计算各观测点的本次沉降量和累计沉降量，并将计算结果、观测时间和荷载情况，一并记入沉降量观测记录表内。

（四）沉降观测曲线绘制

为了更加形象表达沉降、荷载和时间的相互关系，根据测量的数据绘成

沉降曲线，横坐标为观测时间，纵坐标上部为荷载变化情况，下部为对应的沉降变形情况。从沉降曲线图中可以预估下一次观测点的大约沉降量和沉降过程是否趋于稳定状态。

一些高耸的建（构）筑物，如电视塔、烟囱、高桥墩和高层楼房等，往往会发生倾斜。为了掌握建筑物的倾斜情况，需要对建筑物进行倾斜观测。

（五）注意事项

（1）工作基点的选择一定要稳固可靠，观测基点与建筑物固定一起。

（2）观测仪器要经过检验与校正，且观测人员要具有较高的观测水平。

（3）在数据观测和处理过程中，一定要认真。

四、倾斜观测

（一）一般建（构）筑物的倾斜观测

确定基准点和观测点：在建筑物顶部布设观测点在距该墙面大于建筑物高度的 1.5 倍处，设置基准点 O，安置经纬仪对中整平，分别利用正倒镜精确瞄准 M 点，将点 M 向下投测得 N 点，作一标记。在与投测方向垂直的另一方向，利用同样的方法，建筑物上部观测点 P 和投测点 Q。

如果确信建筑物是刚性的，也可以通过测定基础不同部位的高程变化来间接求算。

（二）塔式构筑物的倾斜观测

高耸塔式构筑物如水塔、电视塔及烟囱等的倾斜观测是测定其顶部中心与底部中心的偏心距和倾斜度。其观测方法常用纵横轴线法。

五、裂缝观测

当建筑物发生裂缝之后，应立即进行全面检查，对裂缝进行编号，画出裂缝分布图，然后进行裂缝观测。观测每一裂缝的位置、走向、长度、宽度和深度。每条裂缝至少应布设两组观测标志，一组在裂缝最宽处，另一组在裂缝末端。观测期较长时，可采用镶嵌或埋入墙面的金属标志定期观测；观测期较短或要求不高时可采用属片标志。如用两片白铁皮，一片为边长150 mm 左右的正方形，固定在裂缝的一侧；另一片为 50 mm × 200 mm 的长方形，固定在裂缝的另一侧，并使其中的一部分紧贴在正方形的铁皮上，然后在两片铁皮上涂上红色油漆。当裂缝继续发展时，两片涂有红漆的铁皮随着裂缝加宽逐渐被拉开，在固定的正方形铁皮上就会露出原来的底色，其宽度即为裂缝增加的宽度，可用直尺直接量取。

裂缝观测的周期应视裂缝变化速度而定。通常开始可半月测一次，以后一月左右测一次。当发现裂缝加大时，应增加观测次数，直至几天或逐日一次的连续观测。

第五节　竣工测量

竣工测量是指在各类工程建设竣工和验收时所开展的测绘工作。其最终成果是竣工总平面图，图中包含反映工程竣工时地形现状，以及地上与地下各类建筑物、构筑物和管线的平面位置与高程的总现状地形图和各类专业图等。竣工总平面图不仅反映了设计总平面图在施工后的实际情况，还是工程验收的重要依据，同时也是工程竣工后维修和改扩建的基础技术资料。因此，工程单位必须高度重视竣工测量。

竣工测量包括室外测量工作和室内竣工平面图的编绘工作。

一、室外测量

对于较大的矩形建筑物，需测量四个主要房角的坐标；小型房屋则测量长边两个房角的坐标，并在图上标注房宽。圆形建筑物需测量其中心坐标，并在图上注明半径。

（一）架空管线支架测量

需测量起点、终点和转点支架的中心坐标。直线段的支架则用钢尺量出支架间距及支架本身的尺寸，并在图上标出每个支架的位置。如果支架中心无法测量坐标，可测量支架对角两点的坐标取平均值，或测量支架一长边的两角坐标并标注支架宽度。如果管线在转弯处无支架，则需测量临近两支架中心的坐标。

（二）电讯线路测量

对于高压、照明及通信线路，需测量起点、终点坐标及转点杆位坐标。高压铁塔需测量基础两对角点的坐标，直线部分的电杆可用交会法确定其位置。

（三）地下管线测量

上水管线需测量起点、终点及三通、四通点的中心坐标；下水道需测量起点、终点及转点井位的中心坐标和井底高程；地下电缆及电缆沟需测量其起点、终点及转点的中心坐标。

（四）交通运输线路测量

厂区铁路需测量起点、终点、道岔中心、进厂房点和曲线交点的坐标，并标出曲线元素，例如，半径、偏差、切线长和曲线长。厂区和生活区主要干道需测量交叉路口中心坐标，公路中心线则按铺装路面量取。生活区的建

筑物一般可不测坐标，仅在图上表示位置。

二、竣工总平面图的编绘

编绘竣工总平面图的室内工作包括竣工总平面图、专业分图和附表等的编绘。

总平面图需表示地面、地下和架空的建构筑物平面位置，以及细部点坐标、高程和各种元素数据，图面较为密集。因此，比例尺的选择应确保图面清晰易读，一般选用 1/1 000 的比例尺，特别复杂的厂区可采用 1/500 的比例尺。

对于一个生产流程系统，如炼钢厂、轧钢厂等，应尽量放在一个图幅内。如果工厂面积过大，也可分幅，但应尽量避免主要生产车间被切割。

对于设施复杂的大型企业，若将地面、地下、架空的建构筑物反映在同一图面上，不仅表达不清，且阅读不便。因此，除了反映全貌的总图外，还需绘制详细的专业分图。

竣工总平面图上应包括建筑方格网点、水准点、厂房、辅助设施、生活福利设施、架空与地下管线、铁路等建筑物或构筑物的坐标和高程，以及厂区内空地和未建区的地形。

建筑物和构筑物的符号应与设计图例一致，地形图例应与国家地形图图式符号一致。

图上各种内容可用不同颜色表示，如厂房、车间、铁路、仓库、住宅等用黑色，热力管线用红色，高、低压电缆线用黄色，通讯线用绿色，河流、池塘、水管用蓝色等。

编绘竣工总平面图需有工程负责人和编图者签字，并附以下资料：测量控制点布置图、坐标及高程成果表；每项工程施工期间测量外业资料，并装订成册；对施工期间测量工作和建筑物沉降、变形观测的说明书。

第六章　地理信息系统基础

第一节　地理信息系统的概念

地理信息系统是信息化的核心技术。地理信息系统的概念和技术发展是以需求为驱动，以技术为导引的。地理信息系统技术的应用也不是孤立的，需要与其他相关技术进行集成和协同运行。

一、地理信息系统的定义

地理信息系统（Geographic Information System，GIS）是对地理空间实体和地理现象的特征要素进行获取、处理、表达、管理、分析、显示和应用的计算机空间或时空信息系统。

地理空间实体是指具有地理空间参考位置的地理实体特征要素，具有相对固定的空间位置和空间相关关系、相对不变的属性变化、离散属性取值或连续属性取值的特性。在一定时间内，在空间信息系统中仅将其视为静态空间对象进行处理表达，即进行空间建模表达。只有在考虑分析其随时间变化的特性时，即在时空信息系统中，才将其视为动态空间对象进行处理表达，即时空变化建模表达。就属性取值而言，地理实体特征要素可以分为离散特征要素和连续特征要素两类。离散特征要素如城市的各类井、电力和通信线

的杆塔、山峰的最高点、道路、河流、边界、市政管线、建筑物、土地利用和地表覆盖类型等，连续特征要素如温度、湿度、地形高程变化、NDVI 指数、污染浓度等。

地理现象是指发生在地理空间中的地理事件特征要素，具有空间位置、空间关系和属性随时间变化的特性。需要在时空信息系统中将其视为动态空间对象进行处理表达，即记录位置、空间关系、属性之间的变化信息，进行时空变化建模表达。这类特征要素如台风、洪水过程、天气过程、地震过程、空气污染等。

空间对象是地理空间实体和地理现象在空间或时空信息系统中的数字化表达形式。具有随着表达尺度而变化的特性。空间对象可以采用离散对象方式进行表达，每个对象对应于现实世界的一个实体对象元素，具有独立的实体意义，称为离散对象。空间对象也可以采用连续对象方式进行表达、每个对象对应于一定取值范围的值域，称为连续对象，或空间场。

离散对象在空间或时空信息系统中一般采用点、线、面和体等几何要素表达。根据表达的尺度不同，离散对象对应的几何元素会发生变化，如一个城市，在大尺度上表现为面状要素，在小尺度上表现为点状要素；河流在大尺度上表现为面状要素，在小尺度上表现为线状要素等。这里尺度的概念是指制图学的比例尺，地理学的尺度概念与之相反。

连续对象在空间或时空信息系统中一般采用栅格要素进行表达。根据表达的尺度不同，表达的精度会随栅格要素的尺寸大小变化。这里、栅格要素也称为栅格单元，在图像学中称为像素或像元。数据文件中栅格单元对应于地理空间中的一个空间区域，形状一般采用矩形。矩形的一个边长的大小称为空间分辨率。分辨率越高，表示矩形的边长越短，代表的面积越小，表达精度越高；分辨率越低，表示矩形的边长越长，代表的面积越大，表达的精度越低。

地理空间实体和地理现象特征要素需要经过一定的技术手段，对其进行测量，以获取其位置、空间关系和属性信息、如采用野外数字测绘、摄影测

量、遥感、GPS 以及其他测量或地理调查方法，经过必要的数据处理，形成地形图，专题地图、影像图等纸质图件或调查表格，或数字化的数据文件。这些图件、表格和数据文件需要经过数字化或数据格式转换，形成某个 GIS 软件所支持的数据文件格式。目前，测绘地理信息部门所提倡的内外业一体化测绘模式，就是直接提供 GIS 软件所支持的数据文件格式的产品。

对于获取的数据文件产品，虽然在格式上支持 GIS 的要求，但它们仍然是地图数据，不是 GIS 地理数据。将地图数据转化为 GIS 地理数据，还需要利用 GIS 软件，对其进行处理和表达。不同的商业 GIS 软件，对地图数据转化为 GIS 地理数据的处理和表达方法存在差别。

GIS 地理数据是根据特定的空间数据模型或时空数据模型，即对地理空间对象进行概念定义、关系描述、规则描述或时态描述的数据逻辑模型，按照特定的数据组织结构，即数据结构，生成的地理空间数据文件。对于一个 GIS 应用来讲，会有一组数据文件，称为地理数据集。

一般来讲，地理数据集在 GIS 中多数都采用数据库系统进行管理，但少数也采用文件系统管理。这里，数据管理包含数据组织、存储、更新、查询、访问控制等含义。就数据组织而言，数据文件组织是其内容之一，地理数据集是地理信息在 GIS 中的数据表达形式：为了地理数据分析的需要，还需要构造一些描述数据文件之间关系的一些数据文件，如拓扑关系文件、索引文件等，这些文件之间也需要进行必要的概念、关系和规则定义，这形成了数据库模型，其物理结构称为数据库结构。数据模型和数据结构是文件级的，数据库模型和数据库结构是数据集水平的，理解上应加以区别。但在 GIS 中，由于它们之间存在密切关系，一些教科书往往会将其一起讨论，不做明显区分。针对一个特定的 GIS 应用，数据组织还应包含对单个数据库中的数据分层、分类、编码、分区组织以及多个数据库的组织内容。

空间分析是 GIS 的重要内容。地理空间信息是首先对地理空间数据进行必要的处理和计算，进而对其加以解释产生的一种知识产品。一些对地理空间数据处理的方法形成了 GIS 的空间分析功能。

显示是对地理空间数据的可视化处理。一些地理信息需要通过计算机可视化方式展现出来，以帮助人们更好地理解其含义。

应用指的是地理信息如何服务于人们的需要。只有将地理信息适当应用于人们的认识行为、决策行为和管理行为，才能满足人们对客观现实世界的认识、实践、再认识、再实践的循环过程，这正是人们建立 GIS 的根本目的所在。

从上述概念的解释我们可以看出，地理信息系统具有以下五个基本特点。

第一，地理信息系统是以计算机系统为支撑的。地理信息系统是建立在计算机系统架构之上的信息系统，是以信息应用为目的的。地理信息系统由若干相互关联的子系统构成，如数据采集子系统、数据管理子系统、数据处理和分析子系统、图像处理子系统、数据产品输出子系统等。这些子系统功能的强弱，直接影响在实际应用中对地理信息系统软件和开发方法的选型。由于计算机网络技术的发展和信息共享的需求，地理信息系统发展为网络地理信息系统是必然的。

第二，地理信息系统操作的对象是地理空间数据。地理空间数据是地理信息系统的主要数据来源，具有空间分布特点。就地理信息系统的操作能力来讲，完全适用于操作具有空间位置，但不是地理空间数据的其他空间数据。空间数据的最根本特点是，每一个数据都按统一的地理坐标进行编码，实现对其定位、定性和定量描述。只有在地理信息系统中，才能实现空间数据的空间位置、属性和时态三种基本特征的统一。

第三，地理信息系统具有对地理空间数据进行空间分析、评价、可视化和模拟的综合利用优势。由于地理信息系统采用的数据管理模式和方法具备对多源、多类型、多格式等空间数据进行整合、融合和标准化管理能力，为数据的综合分析利用提供了技术基础，可以通过综合数据分析，获得常规方法或普通信息系统难以得到的重要空间信息，实现对地理空间对象和过程的演化、预测、决策和管理能力。

第四，地理信息系统具有分布特性。地理信息系统的分布特性是由其计算机系统的分布性和地理信息自身的分布特性共同决定的。地理信息的分布特性决定了地理数据的获取、存储和管理、地理分析应用具有地域上的针对性，计算机系统的分布性决定了地理信息系统的框架是分布式的。

第五，地理信息系统的成功应用更强调组织体系和人的因素的作用。这是由地理信息系统的复杂性和多学科交叉性所要求的，地理信息系统工程是一项复杂的信息工程项目，兼有软件工程和数字工程两重性质。在工程项目的设计和开发时，需要考虑二者之间的联系：地理信息系统工程涉及多个学科的知识和技术的交叉应用，需要配置具有相关知识和技术能力的人员队伍。因此，在建立实施该项工程的组织体系和人员知识结构方面，需要充分认识其工程活动的这些特殊性要求。

二、为什么需要地理信息系统

当面临以下问题时，需要建立地理信息系统来解决问题。

（1）地理数据维护管理不善。

（2）制图和统计分析方法落后。

（3）难以提供准确的数据和信息。

（4）缺乏数据恢复服务。

（5）缺乏数据共享服务。

一旦建立了 GIS，可以取得以下效益。

（1）地理数据以标准格式得到有效维护管理。

（2）修订和更新变得容易。

（3）地理数据和信息容易搜索、分析和描述。

（4）提供更多地理信息的附加值产品。

（5）地理信息可以自由共享和交换。

（6）提高员工的生产力和效率。

（7）节省时间和资金投入。

（8）提高决策管理水平。

使用和不使用 GIS 来管理和处理空间数据，也可以从表 6-1 得到基本答案。

表 6-1　GIS 与人工操作比较

地图	GIS 操作	人工操作
存储	标准化和集成	不同的标准下的不同尺度
恢复	数字化的数据库	纸质地图、调查数据、表格
更新	计算机搜索	人工检查
叠置	系统执行	成本高和费时
空间分析	非常快	费时费力
显示	容易、低成本和快速	复杂和昂贵

三、地理信息系统的组成

地理信息系统不同于一般意义上的信息系统，它对地理空间数据进行处理、管理、统计、显示和分析应用，比传统的管理信息系统（MIS，非空间型信息系统）和 CAD 系统要复杂得多，特别是在数据管理、显示和空间分析方面，是多种技术应用的集成体。

（一）信息系统的概念及其类型

信息系统是具有采集、管理、分析和表达数据能力，并能回答用户一系列问题的系统。在计算机信息时代，信息系统部分或全部由计算机系统支持，并由硬件、软件、数据和用户四大要素组成。计算机硬件包括各类计算处理及终端设备；软件是支持数据采集、存储、加工、再现和回答问题的计算机软件系统；数据则是系统分析与处理的对象，构成系统的应用基础；用户是信息系统服务的对象。另外，智能化的信息系统还应包括知识。

根据信息系统所执行的任务，信息系统可分为事务处理系统、决策支持系统、管理信息系统、人工智能系统和专家系统。事务处理系统强调对数据的记录和操作，主要用于支持操作层人员的日常活动，处理日常事务，例如民航订票系统就是典型事例之一。决策支持系统用于获得辅助决策方案的交互计算系统，通常由语言系统、知识系统和问题处理系统共同组成。管理信息系统需要包含组织中的事务处理系统，并提供内部综合数据及外部组织的相关数据。人工智能系统和专家系统则模仿人工决策处理过程，扩展了计算机的应用范围，从单纯的资料处理发展到智能推理。

完整的地理信息系统主要由五个部分组成：即硬件系统、软件系统、数据、空间分析和人员等。硬件系统是 GIS 的支撑，软件是系统的功能驱动，硬件和软件系统决定 GIS 的框架；数据是系统操作的对象，空间分析是其重要功能，为 GIS 解决各类空间问题提供分析工具；人员包括系统管理人员、系统开发人员、数据操作处理人员、数据分析人员及终端用户等，他们共同决定系统的工作方式和信息表示方式。

（二）地理信息系统硬件组成

计算机硬件系统是计算机系统中的实际物理设备的总称，是构成 GIS 的物理架构支撑。根据构成 GIS 规模和功能的不同，它分为基本设备和扩展设备两部分。基本设备包括计算机主机（含鼠标、键盘、硬盘、图形显示器等）、存储设备（光盘刻录机、磁带机、光盘塔、活动硬盘、磁盘阵列等）、数据输入设备（数字化仪、扫描仪、光笔、手写笔等）及数据输出设备（绘图仪、打印机等）。扩展设备包括数字测图系统、图像处理系统、多媒体系统、虚拟现实与仿真系统、各类测绘仪器、GPS、数据通信端口和计算机网络设备等。它们用于配置 GIS 的单机系统、网络系统（企业内部网和因特网系统）、集成系统等不同规模模式，以及为普通 GIS 综合应用系统（如决策管理 GIS 系统）、专业 GIS 系统（如基于位置服务的导航和物流监控系统）和能够与传感器设备联动的集成化动态监测 GIS 应用系统（如遥感动态监测系统）提

供支持，或以数据共享和交换为目的的平台系统（如数字城市、智慧城市共享平台）。

1. GIS 的单机系统结构模式

从结构模式上讲，单机系统模式的 GIS 是一种单层结构，GIS 的五个基本组成部分集中部署在一台独立的计算机设备上，提供单用户使用系统的所有资源。早期的单机系统模式部署在一台小型计算机系统上，虽然小型计算机可以提供多用户操作系统，允许多个用户同时操作一个 GIS 软件，但所有任务仍由一台计算机完成，用户终端不负责数据处理和计算任务，仅支持与用户的命令交互和图形显示功能。在实际的应用系统选型时，可以根据系统规模和需求进行增减，例如磁盘阵列和光盘塔，只有在数据存储量大或系统备份频繁时才选用。因特网的连接设备也是可选项。

2. GIS 企业内部网系统结构模式

由计算机企业内部网、服务器集群、客户机群、磁盘存储系统（磁盘阵列）、输入设备、输出设备等支持的客户/服务器（C/S）模式的 GIS，基于当前网络技术的标准，构成局域网的网络协议标准为 TCP/IP 协议，由相关网络设备组建的局域网络称为企业内部网。企业内部网是一个企业级计算机局域网络，提供多用户共享操作服务。系统结构模式为二层结构，GIS 的资源和功能适当分配在服务器和客户机两端，所有客户端通过企业内部网共享网络资源，实现信息共享和交换。

GIS 的企业内部网模式，通过局域网络将存储系统、服务器系统（或集群服务器）、输入输出设备和客户机终端互连，实现数据资源、软硬件设备资源和计算资源的共享，规模可根据需要进行配置。

3. GIS 的因特网结构模式

由因特网、服务器集群、客户机群、磁盘存储系统（磁盘阵列）、输入设备、输出设备等支持的浏览器/服务器（B/S）模式的 GIS，提供因特网上

许可用户的多用户操作。这通常是一种由企业内部网和外部网共同组成的客户/服务器及浏览器/服务器的混合模式。GIS 的因特网结构模式为三层结构模式，由 GIS 服务器、Web 服务器和客户端浏览器构成。客户端浏览器需要通过 Web 服务器才能访问 GIS 服务器的资源。

GIS 的因特网结构模式是一种分布式计算模式。这种分布式结构通过分布在不同地点的 GIS 服务器和 Web 服务器，构建多级服务器体系结构，GIS 服务器和 Web 服务器共同组成服务站点，例如，通过 ATM 网络进行通信连接，通过服务注册和服务绑定的方式向用户提供资源服务。

服务器节点可以是由 GIS 服务器和 Web 服务器组成的简单节点，也可以是由企业内部网 GIS 构成的复杂节点。前者的例子包括谷歌、百度和天地图等电子地图服务网络，后者则包括数字城市、智慧城市和数字流域等共享平台。

现有商业 GIS 软件一般都支持构建 GIS 的因特网结构模式，例如，ArcGIS 软件目前已由 SOM-SOC 容器结构模式发展为支持云计算结构的 Site 站点模式，后者是更具弹性的结构模式。

C/S 客户端可以通过局域网，以数据库驱动的连接方式直接访问 GIS 数据服务器，也可以通过 GIS 软件提供的软件服务器，先访问应用服务器，再访问数据服务器。GIS 软件通过应用服务器将数据和计算处理功能发布在应用服务器上供用户使用。用户客户端的计算和处理功能全部或部分由服务器承担，客户端负责或不负责任何处理和计算功能。直接访问数据服务器的连接方式，数据处理和计算功能部署在客户端，客户端负责全部处理和计算功能，是一种二层结构。

B/S 客户端通过浏览器访问数据和服务，首先访问 Web 服务器，然后再通过 Web 服务器直接访问数据服务器，或通过应用服务器访问数据服务器，是一种三层结构。

究竟如何分配服务器端和客户端的任务，可以根据实际需要进行选择和配置。

随着无线和移动通信网络技术的发展，因特网 GIS 和局域网 GIS 得到了快速应用和发展。然而，在系统结构构建方面并未超出上述结构模式，只是通信方式从有线转变为无线，客户端扩展到支持无线通信连接的终端设备，如便携式计算机、平板电脑和智能手机等。

从数据管理和计算模式来看，GIS 访问经历了支持文件访问、局域网访问、因特网访问和网格、云计算访问五个发展阶段。WebGIS 促进了 GIS 从单机（或主机）模式向网络化应用的发展，但网格 GIS 技术与 WebGIS 相比，又存在许多不同之处。

（1）空间数据管理概念的不同

GIS 的数据管理和应用经历了不同的阶段，从独立运行的单机系统，发展到局域网系统、因特网系统和网格系统，其根本区别在于数据管理和应用计算模式的变化。

在单机模式下，数据和应用程序集中在一台计算机系统中，提供单用户计算模式。在局域网模式下，数据存储于网络服务器，客户端通过局域网协议访问数据，在同构环境下，实现多用户资源的共享计算模式。在因特网模式下，数据分布存储于网络数据中心或本地局域网服务器，提供异构环境的资源共享和多用户计算模式，数据管理以集中式服务为主。在网格模式下，数据的存储分布于各类网格节点，计算模式从集中式转向分布式，提供多用户、多层次的复杂 C/S、B/S 混合计算模式。

（2）异构环境下的互操作能力不同

WebGIS 通常是基于特定的 GIS 数据和应用开发的系统，较为封闭，不同系统间的沟通和协作存在一定难度。WebGIS 的数据来源多为单一数据提供者，提供数据访问的互操作。网格系统中，数据提供者是多源的、地理位置是分布的，空间数据源之间能够进行无缝集成和分布式协同处理，提供更完整意义的数据和分析互操作。

（3）系统的跨平台性能不同

WebGIS 虽基于 RMI、CORBA、DCOM 等中间件技术提供良好的网络

服务，但通常要求服务器和客户端之间有更紧密的耦合，这在一定程度上影响了跨平台的数据访问性能。网格系统由于要求网格节点间的相对独立性，当处理用户请求时，可以将各分节点上的部分或全部资源调用到最合适的计算节点，将计算处理后的结果反馈给用户，从而增强了系统间的跨平台能力。

（4）网络数据的传输能力不同

网格 GIS 的特定结构和技术标准体系，确保了节点间网络数据访问和计算的负载平衡，其网络化的数据存储体系和数据传输机制，能够提供海量数据传输保障。而 WebGIS 则难以根除大数据量的传输瓶颈问题。

（5）利用网络资源的能力不同

WebGIS 的配置只能使用其自身的各类资源，很难与其他资源有效集成利用。而网格 GIS 具有更开放的结构，能够充分利用网上的各类资源。

（6）资源的动态性具有区别

网格 GIS 具有资源动态管理的特性，包括网络环境中的资源存在是动态的，数据是动态变化的，GIS 应用工具也是动态变化的，网格中的资源某一时刻可能是有效的，下一时刻则可能因某种原因被停用，网格中的资源也可能不断地被加入。但网格系统能很好地实现资源的转移和融入。数据资源的注册和撤销反映了数据的动态变化。各类网络设备、软件的融入机制也使得网格 GIS 的工具处于动态变化之中。

（7）系统的开放性程度区别

网格 GIS 不是建立在一个封闭系统或平台之上，这是其系统特性决定的。网格系统的政策和原则确立了它并不为某一个组织或公司所有，其服务是面向广大用户的。网格系统是建立在异构系统之上的分布式计算平台，其服务协议和服务接口与平台无关。

云计算模式是在网格计算模式上发展起来的一种更开放的大规模分布式计算模式，比网格数据计算更具有效率和弹性，更强调服务的作用。

（三）GIS 软件组成

GIS 的软件组成构成了 GIS 的数据和功能驱动系统，关系到 GIS 的数据管理和处理分析能力。它是由一组经过集成，按层次结构组成和运行的软件体系。

最下面两层与系统的硬件设备密切相关，故称为系统软件。它连同标准软件，共同组成保障 GIS 正常运行的支撑软件。上面三层主要实现 GIS 的功能，满足用户的特定需求，代表了 GIS 的能力和用途。GIS 可能运行在不同的操作系统上，如 Unix 系统 Windows 系统等。由于 GIS 可能部署在计算机网络系统，因而关于网络管理和通信的软件是必要的，如 TCP/IP、HTTP、HTML、XML、GML 等协议、标准及有关网络驱动和管理软件。GIS 也可能与其他的软件集成，形成功能更强大的软件系统，如 ERDAS、PCI、NV 等遥感数据处理系统。GIS 需要使用第三方的数据库管理系统进行数据管理，因此需要配置像 ORACLE，SQLSERVER、DB2 等关系数据库软件。

一般而言，一个商业化的 GIS 软件，提供的是面向通用功能的软件，针对用户的具体和特殊需要，需要在此基础上进行二次开发，对商业化的 GIS 软件进行客户化定制。需要配置开发环境支持的程序设计软件，以及支持 GIS 功能实现的组件库。

根据 GIS 的概念和功能，GIS 软件的基本功能由六个子系统（或模块）组成，即空间数据输入与格式转换子系统、图形与属性编辑子系统、空间数据存储与管理子系统、空间数据处理与空间分析子系统、空间数据输出与表示子系统和用户接口。

第一，空间数据输入与格式转换子系统。主要功能是将系统外部的原始数据（多种来源、多种类型、多种格式）传输给系统内部，并将格式转换为 GIS 支持的格式。

数据来源主要有多尺度的各种地形图、遥感影像及其解译结果、数字地面模型、GPS 观测数据、大地测量成果数据、与其他系统交换来的数据、社

会经济调查数据和属性数据等。数据类型有矢量数据、栅格数据、图像数据、文字和数字数据等。数据格式有其他 GIS 系统产生的数据格式、CAD 格式、影像格式、文本格式、表格格式等。

数据输入的方式主要有三种形式：一是手扶跟踪数字化仪的矢量跟踪数字化，主要通过人工选点和跟踪线段进行数字化，主要输入有关图形的点、线、面的位置坐标；二是扫描数字化仪的矢量数字化，将图形栅格化后，通过矢量化软件将纸质图形输入系统，或将图片扫描输入系统；三是键盘输入或文件读取方式，通过键盘直接输入坐标、文本和数字数据，或通过文件读取，并经过格式转换输入系统，数据格式的转换包括数据结构不同产生的转换和数据形式不同产生的转换，前者由系统采用的数据模型决定；后者主要是矢量到栅格、栅格到矢量的转换，是由数据的性质决定的。有时也使用光笔输入，例如签名等操作。数据格式的转换一般由 GIS 软件提供的数据互操作工具或功能模块实现。

第二，数据存储与管理处理。它涉及矢量数据的地理要素（点、线、面）的位置、空间关系和属性数据，以及栅格数据、数字高程数据以及其他类型的数据如何构造和组织与管理等。主要由特定的数据模型或数据结构来描述构造和组织的方式，由数据库管理系统（DBMS）进行管理。在 GIS 的发展过程中，数据模型经历了由层次模型、网络模型、关系模型、地理相关模型、面向对象的模型和对象-关系模型（地理关系模型），它们分别代表着空间数据和属性数据的构造和组织管理形式。

第三，图形与属性的编辑处理。GIS 系统内部的数据是由特定的数据结构描述的，图形元素的位置必须符合系统数据结构的要求，所有元素必须处于统一的地理参照系中，并经过严格的地理编码和数据分层组织，因此需要进行拓扑编辑和拓扑关系的建立，进行图幅接边、数据分层、进行地理编码、投影转换、坐标系统转换、属性编辑等操作。除此之外，它们一方面还要修改数据错误，另一方面还要对图形进行修饰，设计线型、颜色、符号、进行注记等。这些都要求 GIS 提供数据编辑处理的功能。

第四，数据分析与处理。它提供了对一个区域的空间数据和属性数据综合分析利用的能力。通过提供矢量、栅格、DEM 等空间运算和指标量测，达到对空间数据的综合利用的目的。如基于栅格数据的算术运算、逻辑运算、聚类运算等，提供栅格分析；通过图形的叠加分析、缓冲区分析、统计分析、路径分析、资源分配分析、地形分析等，提供矢量分析，并通过误差处理、不确定性问题的处理等获得正确的处理结果。

第五，数据输出与可视化它是将 GIS 内的原始数据，经过系统分析、转换、重组后以某种用户可以理解的方式提交给用户：它们可以是地图、表格、决策方案、模拟结果显示等形式。当前 GIS 可以支持输出物质信息产品和虚拟现实与仿真产品。

第六，用户接口。它主要用于接收用户的指令、程序或数据，是用户和系统交互的工具，主要包括用户界面、程序接口和数据接口。系统通过菜单方式或解释命令方式接收用户的输入，由于地理信息系统功能复杂，无论是 GIS 专业人员还是非专业人员，提供操作友好的界面都可以提高操作效率。当前，Windows 风格的菜单界面几乎成了 GIS 的界面标准。

（四）地理空间数据库

数据是 GIS 的操作对象，是 GIS 的"血液"，它包括空间数据和属性数据。数据组织和管理的质量，直接影响 GIS 操作的有效性。在地理数据的生产中，当前主要是 4D 产品，即数字线划数据（Digital Line Graph，DLG）、数字栅格数据（Digital Raster Graph，DRG）、数字高程模型（Digital Elevation Model，DEM）、数字正射影像（Digital Ortho Map，DOM）。空间数据质量通过准确度、精度、不确定性、相容性、一致性、完整性、可得性、现势性等指标来度量。

GIS 的空间数据均在统一的地理参照框架内，对整个研究区域进行了空间无缝拼接，即在空间上是连续的，不再具有按图幅分割的迹象。空间数据和属性数据进行了地理编码、分类编码和建立了空间索引，以支持精确、快

速地定位、定性、定量检索和分析。其数据组织按工作区、工作层、逻辑层、地物类型等方式进行。

地理空间数据库是地理数据组织的直接结果，并提供数据库管理系统进行管理。通过数据库系统，对数据的调度、更新、维护、并发控制、安全、恢复等提供服务。根据数据库存储数据的内容和用途，可分为基础数据库和专题数据库，前者反映基础的地理、地貌等基础地理框架信息，如地图数据库、影像数据库、土地数据库等；后者反映不同专业领域的专题地理信息，如水资源数据库、水质数据库、矿产分布数据库等。由于测绘和数据综合技术的原因，当前 GIS 只能对多比例尺测绘的地图数据分别建立对应的数据库。由于上述原因，在一个地理信息系统中，可能存在多个数据库。这些数据库之间还要经常进行相互访问，因此会形成数据库系统，又由于地理信息的分布性，还会形成分布式数据库系统。为了支持数据库的数据共享和交换，并支持海量数据的存储，需要使用数据存储局域网、数据的网络化存取系统及数据中心等数据管理方案。

数据库管理系统提供在一个 GIS 工程中，对空间和非空间数据的产生、编辑、操纵等多项功能。主要功能如下：

（1）产生各种数据类型的记录，如整型、实型、字符型、影像型等。

（2）操作方法，如排序、删除、编辑和选择等。

（3）处理，如输入、分析、输出，格式重定义等。

（4）查询，提供 SQL 的查询。

（5）编程，提供编程语言。

（6）建档，元数据或描述信息的存储。

（五）空间分析

GIS 空间分析是 GIS 为计算和回答各种空间问题提供的有效基本工具集，但对于某一专门具体计算分析，还必须通过构建专门的应用分析模型，例如土地利用适宜性模型、选址模型、洪水预测模型、人口扩散模型、森林

增长模型、水土流失模型、最优化模型和影响模型等才能达到目的，这些应用分析模型是客观世界中相应系统经由概念世界到信息世界的映射，反映了人类对客观世界利用改造的能动作用，并且是 GIS 技术产生社会经济效益的关键所在，也是 GIS 生命力的重要保证，因此，在 GIS 技术中占有十分重要的地位。

（六）人员

人员是 GIS 成功的决定因素，包括系统管理人员、数据处理及分析人员和终端用户。在 GIS 工程的建设过程中，还包括 GIS 专业人员、组织管理人员和应用领域专家。什么人使用 GIS 呢？可分为以下一些群体：

（1）GIS 和地图使用者。他们需要从地图上查找感兴趣的东西。

（2）GIS 和地图生产者。他们编辑各种专题或综合信息地图。

（3）地图出版者。他们需要高质量的地图输出产品。

（4）空间数据分析员。他们需要根据位置和空间关系完成分析任务。

（5）数据录入人员。他们完成数据编辑。

（6）空间数据库设计者。他们需要实现数据的存储和管理。

（7）GIS 软件设计与开发者。他们需要实现 GIS 的软件功能。

四、地理信息系统的空间分析能力

地理信息系统的空间分析能回答和解决以下五类问题。

（一）位置问题

解决在特定的位置有什么或是什么的查询问题。位置可表示为绝对位置和相对位置，前者由地理坐标确定，后者由空间关系确定。如河流、道路、房屋的位置问题由坐标确定，某个省相邻的省有哪些？某个阀门连接了哪些管道？从某地出发可否到达另一地点？等等，均可由空间关系解决。多用于

研究地理对象的空间分布规律和空间关系特性，需要借助 GIS 的查询分析功能实现。

（二）条件问题

解决符合某些条件的地理实体在哪里空间分析的问题，如选址、选线问题。用于需要借助空间数据建模解决的问题，如描述性数据分析方法。

（三）变化趋势问题

利用综合数据分析，识别已发生或正在发生的地理事件或现象，或某个地方发生的某个事件随时间变化的过程，需要空间数据分析的方法解决问题，如回归分析方法。

（四）模式问题

分析已发生或正在发生事件的相关因素（原因）。例如，某个交通路口经常发生交通事故，某个地区犯罪率经常高于其他地区，生物物种非正常灭绝等问题，分析造成这种结果的因果关系如何，需要借助空间数据挖掘算法解决的问题，如探索性空间数据分析方法。

（五）模拟问题

某个地区如果具备某种条件，会发生什么问题。主要是通过模型分析，给定模型参数或条件，对已发生或未发生的地理事件、现象、规律进行演变、推演和反演等，如对洪水发生过程、地震过程、沙尘暴过程等模拟。需要使用虚拟现实和仿真技术和方法，如时空动态模拟方法等。

这五类问题，可以进一步归纳为两大类问题，即科学解释和空间管理决策。科学解释发生在地理空间中现象、规律、事件发生的因果关系、条件关系和相关关系等。对人类干预或科学开发利用地理信息资源进行宏观管理决策和微观管理决策。前者注重于战略部署，后者注重战术部署。

五、地理信息系统与相关学科的关系

地理信息系统的理论和技术是与多个学科和技术交叉发展产生的。因此，设计、开发地理信息系统与这些学科和技术密切相关。

其中，地理学为研究人类环境、功能、演化，以及人地关系提供了认知理论和方法。大地测量学、测量学、摄影测量与遥感等测绘学为获取这些地理信息提供了测绘手段。应用数学，包括运筹学、拓扑数学、概率论与数理统计等，为地理信息的计算提供了数学基础。

系统工程为 GIS 的设计和系统集成提供了方法论。计算机图形学、数据库原理、数据结构、地图学等为数据的处理、存储管理和表示提供了技术和方法。软件工程、计算机语言为 GIS 软件设计提供了方法和实现工具。计算机网络、现代通信技术、计算机技术是 GIS 的支撑技术，管理科学为系统的开发和系统运行提供组织管理技术，而人工智能、知识工程则为形成智能 GIS 提供方法和技术。

第二节 地理信息系统的科学基础

在人类认识自然、改造自然的过程中，人与自然的协调发展是人类社会可持续发展的最基本条件。从历史发展的角度看，人类活动对地球生态的影响总体是向着变坏的方向发展，人口、资源、环境和灾害是当今人类社会可持续发展所面临的四大问题。人类活动产生的这种变化和问题，日益成为人们关注的焦点。地球科学的研究为人类监测全球变化和区域可持续发展提供了科学依据和手段。地球系统科学、地球信息科学、地理信息科学、地球空间信息科学是地球科学体系中的重要组成部分，它们是地理信息系统发展的科学基础、根源。地理信息系统是这些大学科的交叉学科、边缘学科，反过

来，又促进和影响了这些学科的发展。

一、地球系统科学

地球系统科学是研究地球系统的科学。地球系统，是指由大气圈、水圈、土壤岩石圈和生物圈（包括人类自身）四大圈层组成的作为整体的地球。

地球系统包括了自地心到地球的外层空间的十分广阔的范围，是一个复杂的非线性系统。在它们之间存在着地球系统各组成部分之间的相互作用，物理、化学和生物三大基本过程之间的相互作用，以及人与地球系统之间的相互作用。地球系统科学作为一门新的综合性学科，将构成地球整体的四大圈层作为一个相互作用的系统，研究其构成、运动、变化、过程、规律等，并与人类生活和活动结合起来，借以了解现在和过去，预测未来。地球科学作为一个完整的、综合性的观点，它的产生和发展是人类为解决所面临的全球性变化和可持续发展问题的需要，也是科学技术向深度和广度发展的必然结果。

就解决人类当前面临的人与自然的问题而言，如气候变暖、臭氧洞的形成和扩大、沙漠化、水资源短缺、植被破坏和物种大量消失等，已不再是局部或区域性问题。就学科内容而言，它已远远超出了单一学科的范畴，而涉及大气、海洋、土壤、生物等各类环境因子，又与物理、化学和生物过程密切相关。因此，只有从地球系统的整体着手，才有可能弄清这些问题产生的原因，并寻找到解决这些问题的办法。从科学技术的发展来看，对地观测技术的发展，特别是由全球定位系统、遥感、地理信息系统组成的对地观测与分析系统，提供了对整个地球进行长期的立体监测能力，为收集、处理和分析地球系统变化的海量数据，建立复杂的地球系统的虚拟模型或数字模型提供了科学工具。

由于地球系统科学面对的是综合性问题，应该采用多种科学思维方法，这就是大科学思维方法，包括系统方法、分析与综合方法、模型方法。

（1）系统方法，是地球系统科学的主要科学思维方法。这是因为地球系

统科学本身就是将地球作为整体系统来研究的。这一方法体现了在系统观点指导下的系统分析和在系统分析基础上的系统综合的科学认识的过程。

（2）分析与综合方法，是从地球系统科学的概念和所要解决的问题来看的，是地球系统科学的科学思维方法。包括从分析到综合的思维方法和从综合到分析的思维方法，实质上是系统方法的扩展和具体化。

（3）模型方法，是针对地球系统科学所要解决的问题及其特点，建立正确的数学模型，或地球的虚拟模型、数字模型，是地球系统科学的主要科学思维方法之一。这对研究地球系统的构成内容的描述、过程推演、变化预测等是至关重要的。

关于地球系统科学的研究内容，目前得到国际公认的主要包括气象和水系、生物化学过程、生态系统、地球系统的历史、人类活动、固体地球、太阳影响等。

综上所述，可以认为地球系统科学是研究组成地球系统的各个圈层之间的相互关系、相互作用机制、地球系统变化规律和控制变化的机理，从而为预测全球变化、解决人类面临的问题建立科学基础，并为地球系统科学管理提供依据。

二、地球信息科学

地球信息科学是地球系统科学的组成部分，是研究地球表层信息流的科学，或研究地球表层资源与环境、经济与社会的综合信息流的科学。就地球信息科学的技术特征而言，它是记录、测量、处理、分析和表达地球参考数据或地球空间数据学科领域的科学。

"信息流"这一概念是针对地图学在信息时代面临的挑战而提出的。地图学的第一难关是解决地球信息源的问题。在 16 世纪以前，人类主要是通过艰苦的探险、组织庞大的队伍和采用当时认为是最先进的技术装备来解决这个问题；到了 16—19 世纪，地图信息源主要来自大地测量及建立在三角测量基础上的地形测图；20 世纪前半叶，地图信息源主要来自航空摄影和多

学科综合考察；20 世纪后半叶，地图信息源主要来自卫星遥感、航空遥感和全球定位系统（GPS）。可以预见，21 世纪，地图信息源将主要来自卫星群、高空航空遥感、低空航空遥感、地面遥感平台，并由多光谱、高光谱、微波以及激光扫描系统、定位定向系统（POS）、数字成像成图系统等共同组成的星、机、地一体化立体对地观测系统；可基于多平台、多谱段、全天候、多分辨率、多时相对全球进行观测和监测，极大地提高了信息获取的手段和能力。但明显的事实是，无论信息源是什么，其信息流程都明显表示为：信息获取→存储检索→分析加工→最终视觉产品。在信息化时代、网络化时代，信息更不是静止的，而是动态的，还应表现在信息获取→存储检索→分析加工→最终视觉产品→信息服务的完整过程。

地球信息科学属于边缘学科、交叉学科或综合学科。它的基础理论是地球科学理论、信息科学理论、系统理论和非线性科学理论的综合，是以信息流作为研究的主题，即研究地球表层的资源、环境和社会经济等一切现象的信息流过程，或以信息作为纽带的物质流、能量流，包括人才流、物流、资金流等的过程。这些都被认为是由信息流所引起的。

国内外的许多著名专家都认为，地球信息科学的主要技术手段包括遥感（RS）、地理信息系统（GIS）、全球定位系统（GPS）等高新技术，即所谓的3S 技术。或者说，地球信息科学的研究手段，就是由 RS、GIS 和 GPS 构成的立体的对地观测系统。其运作特点是，在空间上是整体的，而不是局部的；在时间上是长期的，而不是短暂的；在时序上是连续的，而不是间断的；在时相上是同步的、协调的，而不是异相的、分属于不同历元的；在技术上不是孤立的，而是由 RS、GIS 和 GPS 三种技术集成的。它们共同组成对地观测系统的核心技术。

在对地观测系统中，遥感技术为地球空间信息的快速获取、更新提供了先进的手段，并通过遥感图像处理软件、数字摄影测量软件等提供影像的解译信息和地学编码信息，地理信息系统则对这些信息加以存储、处理、分析和应用，而全球定位系统则在瞬间提供对应的三维定位信息，作为遥感数据

处理和形成具有定位定向功能的数据采集系统、具有导航功能的地理信息系统的依据。

三、地理信息科学

地理信息科学是信息时代下的地理学，是地理学经历信息革命和范式演变后的产物。它研究地理信息的本质特征与运动规律，其研究对象是地理信息，是地球信息科学的关键组成部分。地理信息科学的提出和理论构建主要源自两方面：一是技术与应用的驱动，这是一条从实践到认识，从感性到理论的思想路径；二是科学融合与地理综合思潮的逻辑延伸，这是一条由理论演绎的思想路径。在地理信息科学的发展过程中，这两条路径相互交织、相互促进，共同推动了地理学思想的发展、范式演变以及地理科学的形成和进步。本质上，地理信息科学是在这两方面的推动下，地理学思想演变的结果，是新的技术平台、观察视角和认识模式下的地理学新范式，是信息时代的地理学。人类对地球表层系统的认识，经历了从经典地理学、计量地理学到地理信息科学的漫长过程。在不同的历史阶段，人们借助不同的技术平台，从不同的科学视角出发，构建了关于地球表层的不同认知模型。

地理信息科学主要研究应用计算机技术处理、存储、提取、管理及分析地理信息时所面临的一系列基础理论与技术问题，比如数据的采集与集成、分布式计算、地理信息的认知与表达、空间分析、地理信息基础设施的建设、地理数据的不确定性及其对地理信息系统操作的影响、地理信息系统的社会实践等，并在理论、技术和应用三个层面上构成了地理信息科学的内容体系。

四、地球空间信息科学

地球空间信息科学主要以全球定位系统（GPS）、地理信息系统（GIS）和遥感（RS）为核心，以计算机和通信技术为支撑，用于采集、测量、分析、存储、管理、显示、传播和应用与地球和空间分布相关的数据，是一门综合

和集成的信息科学与技术。地球空间信息科学是地球科学的一个前沿领域，也是地球信息科学的一个重要组成部分，以 3S 技术为代表，涉及通信技术、计算机技术等新兴学科。其理论与方法还处于初始发展阶段，完整的地球空间信息科学理论体系有待建立，一系列基于 3S 技术及其集成的地球空间信息采集、存储、处理、表示和传播的技术方法仍需发展。

地球空间信息科学作为一个现代科学术语，出现在 20 世纪 80 年代末至 90 年代初。作为一门新兴的交叉学科，由于人们对它的理解各不相同，出现了许多类似但又略有差异的科学名词，如地球信息机理、图像测量学、图像信息学、地理信息科学、地球信息科学等。这些新的科学名词的出现，无不与遥感、数字通信、互联网、地理信息系统等现代信息技术的发展密切相关。

地球空间信息科学与地理空间信息科学在学科定义和内涵上有所重叠，有人甚至认为它们是对同一学科内容从不同角度给出的科学名词。从测绘角度理解，地球空间信息科学是地球科学与测绘科学、信息科学的交叉学科；从地理科学角度理解，地球空间信息科学是地理科学与信息科学的交叉学科，即被称为地理空间信息科学。但地球空间信息科学的概念更广，它不仅囊括了现代测绘科学的所有内容，还包含了地理空间信息科学的主要内容，并且体现了多学科、技术和应用领域知识的交叉与渗透，如测绘学、地图学、地理学、管理科学、系统科学、图形图像学、互联网技术、通信技术、数据库技术、计算机技术、虚拟现实与仿真技术，以及规划、土地、资源、环境、军事等领域。研究重点与地球信息科学相近，但它更侧重于技术、技术集成与应用，更强调"空间"的概念。

第三节　地理信息系统的技术基础

地理信息系统是融合了多种技术的集成系统，其中包括数据采集技术（如遥感技术（RS）、全球定位系统（GPS）、三维激光扫描技术、数字测图技

术等)、现代通信技术、计算机网络技术、软件工程技术、虚拟现实与仿真技术、信息安全技术以及网络空间信息传输技术等,这些技术共同构成了GIS 的技术体系。

一、地理空间数据采集技术

地理空间信息的获取与更新对于 GIS 至关重要,同时也是其发展的瓶颈。现代遥感技术(RS)、全球定位系统(GPS)、三维激光扫描技术以及数字测图技术等组成的空间数据采集技术体系,是 GIS 数据采集与更新技术体系的核心内容。

星、机、地一体化的遥感立体观测和应用体系结合了"高分辨率、多时相遥感影像的快速获取和处理技术"。这里的"高分辨"不仅指高空间分辨率,还包括高辐射分辨率(即高光谱分辨率),以及 GPS 技术、三维激光扫描技术等多项技术。它们共同构建了多样化的采集平台和数据处理系统。

(一)卫星遥感

在卫星遥感方面,可以通过建立静止气象卫星数据地面接收系统、极轨气象卫星数据地面接收系统等低分辨率系统,以及中分辨率卫星数据地面接收系统等来接收宏观遥感信息。

(二)航空遥感和低空遥感

航空平台如机载光学航空相机系统、机载雷达系统、机载数字传感器系统等,能够获取重点地区的高空间分辨率的航空影像(0.01~1 m)和 SAR影像以及 DEM,实现在无地面控制点或少量地面控制点的情况下的遥感对地定位和信息获取。

机载光学航空相机系统由航空数字相机和 GPS 系统组成,提供 GPS 辅助的解析空中摄影测量服务。机载雷达系统则包括 GPS 和机载侧视合成孔径

雷达传感器、实时成像器，提供雷达影像服务。

机载数字传感器系统涵盖机载激光扫描地形测图系统和机载激光遥感影像制图系统。前者由动态差分 GPS 接收机确定扫描装置投影中心的空间位置，姿态测量装置测定扫描装置主光轴的姿态参数，三维激光扫描仪测定传感器到地面的距离，以及一套成像装置记录地面实况并评价生成的 DEM 产品质量。后者与前者的主要区别在于将激光扫描仪与多光谱扫描成像仪器共用一套光学系统，实现 DEM 和遥感影像的精确匹配，直接生成地学编码影像（正射遥感影像）。

在 GIS 数据采集技术的最新进展中，LIDAR（Light Detection And Ranging）技术备受瞩目。这种集成了三维激光扫描、全球定位系统（GPS）和惯性导航系统（INS）的空间测量系统已成为一种独特的数据获取方式，其应用已超越传统测量、遥感及近景摄影测量的范围。

LIDAR 系统特点显著：能够获取高密度、充分的目标表面特征点阵数据；穿透植被叶冠；实时动态测量，无需外部光源；减少或避免进入测量现场；同时测量地面和非地面层；数据绝对精度高；全天候工作能力；以及迅速的数据获取能力。其获取的高密度点云数据可用于重建地面三维立体目标。

此外，地面车载遥感数据采集系统以数字 CCD 相机、GPS、INS 和 GIS 为基础，用于采集地面微观特定信息如城市部件信息和三维街景数据等。而低空遥感则主要由低空系统完成，包括飞行平台、成像系统和数据处理软件三个部分，其中无人机的升空方式和可搭载的传感器多样。

（三）数字测图技术

数字测图技术是常规的现代地形图测绘技术之一。数字测图系统主要由全站仪、三维激光扫描仪等设备和数字测图记录、处理软件组成，用于提供地形的地面实测信息。此外，地面三维激光扫描仪还可与 CCD 相机、GPS 等结合构成地面立体测图系统，快速获取地形景观和城市街道立面图等信息，服务于数字城市建设和其他应用领域。

（四）GPS 技术采集 GIS 数据

GPS 技术不仅与其他技术结合，发挥空间定位和组成采集、监测系统的作用，其本身也是一套高效的数据采集系统。美国 NAVSTARGPS 系统由空间系统、控制系统和用户系统三部分组成。空间系统由 24 颗绕地球飞行的卫星组成，这些卫星运行在约 20 000 m 的高度上，分布在六个不同的轨道上。每颗卫星发射一个唯一的编码信号（PRN），并被调制为 L_1 和 L_2 两个载波信号。

控制系统受到美国国防部的监督，提供标准定位服务（SPS）和精密定位服务（PPS）。而用户系统则包括 GPS 地面接收机及其观测计算系统。目前，GPS 接收机主要分为基于码的和基于载波相位的两种类型。基于码的 GPS 接收机利用光速和信号从卫星到接收机的时间间隔来计算两者之间的距离，提供亚米级精度。尽管其精度相较于基于载波相位的接收机低，但因成本低廉、便于携带，而被广泛使用。

基于载波相位的接收机通过确定载波信号的整波长和半波长的数目，来计算卫星与接收机的距离，广泛用于控制测量和精密测绘，可以提供亚厘米级的差分精度。差分 GPS（DGPS）能有效消除 SA 政策的影响。DGPS 需要将测量用的差分 GPS 接收机置于经度、纬度和高度已知的基站上，且基站上天线的位置必须精确确定。此外，基站 GPS 接收机应具备存储测量数据或通过广播发送修正值的功能。

利用 GPS 采集 GIS 数据能迅速获取关键点、线及变化区域边界的地理坐标。用户只需手持 GPS 接收机沿地面移动，即可迅速采集通过之处的地理坐标数据。

第七章　遥感技术

第一节　遥感技术的介绍

20 世纪人类实现了一个重大突破，即对地球进行太空观测。这意味着我们可以通过非接触式的遥感传感器，从空中和太空对地球进行观测，并将这些观测数据和信息存储在计算机网络中，为人类社会的可持续发展做出贡献。1962 年，美国地理学会主办的关于环境遥感的学术研讨会上，首次提及"遥感"这一词汇。此后，遥感这一交叉学科逐渐发展成为融合科学与技术的先进领域。本章节深入探讨了遥感的核心理念、信息采集、图像处理与解读以及实际应用，旨在为后续的遥感技术研究和学习奠定坚实基础。

一、遥感的基本概念

遥感一词源自英语"Remote Sensing"，直译为"遥远的感知"，后来简称为遥感。遥感是 20 世纪 60 年代发展起来的一门对地观测综合性技术。自 20 世纪 80 年代以来，遥感技术得到了长足发展，应用范围日益广泛。随着技术的不断进步和应用的深入，遥感技术将在我国国民经济建设中发挥越来越重要的作用。

遥感的定义通常可以从广义和狭义两个角度来解读。广义上，遥感是指

所有与目标物体无直接接触的远程探测活动。这类探测基于物体对电磁波的反射和辐射属性，利用声波、引力波和地震波等技术，都归属于广义遥感技术。狭义上，遥感利用先进的光学和电子学探测设备，避免与目标物体直接接触，从远处记录其电磁波属性，并通过深入分析和解释来揭示目标物的基本特性、属性和变化趋势。

二、遥感系统

遥感技术是一种对地观测的综合方法，为实现这一技术，不仅需要一套完整的技术设备，还需要多学科的共同参与和合作，因此，开展遥感工作是一个高度复杂的系统任务。根据遥感技术的定义，遥感系统主要由四个主要部分组成：

（一）信息源

在遥感领域，信息源是指需要探测的关键目标。每个目标物都具有反射、吸收、透射和辐射电磁波的能力。当这些目标物与电磁波相互作用时，会展现出特定的电磁波属性，为遥感探测技术提供重要信息来源。

（二）空间信息采集子系统

空间信息采集子系统主要涉及使用遥感技术设备捕获和记录目标物的电磁波特性。用于信息采集的设备主要由遥感平台和各种传感器组成。遥感平台是搭载传感器的工具，常见的有气球、飞机和人造卫星等；传感器用于检测目标物体的电磁波属性，常见的有相机/扫描设备和成像雷达等。

（三）地面接收与预处理子系统

地面接收与预处理子系统是指利用光学仪器和计算机设备对收集到的遥感信息进行校正、分析和解译处理的技术流程。其核心目标是通过对遥感

数据的修正、深入分析和解读，掌握或消除遥感原始数据中的误差，进一步整理和总结被探测目标的图像特性，并根据这些特性从遥感数据中筛选出关键的有用信息。

（四）信息分析应用

信息分析应用是指专业人士根据各自的目标，将遥感数据应用于不同的业务领域。信息应用的核心策略是利用遥感数据作为地理信息系统的主要数据来源，以便进行数据检索、统计分析和深入研究。遥感技术在多个领域都有广泛应用，包括军事、地质和矿产勘查、自然资源勘查、地图绘制、环境监控、灾害预防和减轻，以及城市建设与管理等。

三、遥感的类型

根据遥感技术的具体定义，可以按照不同分类准则将遥感技术划分为多个类别。

（1）按照工作平台的不同层次分类：地面遥感技术、航空遥感技术（包括气球和飞机）以及航天遥感技术（包括人造卫星、飞船、空间站和火箭）。地面遥感技术将传感器安装在各种地面平台上，如车载、船载、手持、固定或可移动的高架平台等；航空遥感技术将传感器安装在各种航空器上，如气球、航模、飞机等；航天遥感技术将传感器安装在各种航天器上，如人造卫星、宇宙飞船和空间实验站等。

（2）根据工作波段分类：紫外遥感（探测波段在 0.3～0.38 μm）、可见光遥感（探测波段在 0.38～0.76 μm）、红外遥感（探测波段在 0.76～14 μm）、微波遥感（探测波段在 1 mm～1 m）、多波段遥感。

（3）按照遥感探测的操作模式分类：主动式遥感指传感器主动向目标物体发射特定波长的电磁波，捕获并记录从目标物体反射回来的电磁波，如微波雷达；被动式遥感指传感器不向目标物体发射电磁波，而是直接捕获并记

录目标物体反射的太阳光辐射或其自身发出的电磁波，如航空航天和卫星领域的应用。

（4）从记录方式角度分类：影像形式和非影像形式。影像形式的遥感指可以获取图像信息的遥感技术，根据成像基本原理，遥感可分为摄影和非摄影两种方式。非影像形式遥感指只能获取数据或曲线记录，无法最终获得图像资料的遥感，如使用微波辐射计和红外辐射仪进行的遥感。

（5）按照不同应用领域分类：环境遥感、大气遥感、资源遥感、海洋遥感、地质遥感、农业遥感和林业遥感。

四、遥感的特点

遥感技术作为一种综合性的地面观测方法，不仅满足了人们对自然界的认知和探索需求，还具有其他技术手段难以比拟的独特性质。总的来说，遥感技术的主要特性可以归纳为三个方面：

（一）探测范围广，采集数据快

遥感探测技术能在较短时间内，从空中或宇宙对广大区域进行地面观测，并从中获得宝贵的遥感信息。这些数据提供了更广阔的视野，有助于我们宏观了解地表事物的现状，也为宏观研究自然现象和规律提供了宝贵的一手信息。与传统手工操作方式相比，这种尖端技术方法是无法被取代的。

（二）能动态反映地面事物的变化

遥感探测技术能够周期性和重复地在同一地理区域进行地面观测，极大帮助我们利用收集到的遥感数据，发现并实时追踪地球上各种事物的动态变化。同时，对自然界中的变动模式进行研究。特别是在监测天气、自然灾害、环境污染和军事目标等领域，遥感技术的应用显得尤为关键。

（三）获取的数据具有综合性

遥感探测获取的数据在同一时间段内，覆盖广泛地区的遥感信息。这些数据综合展示了地球上的许多自然和人文现象，从宏观角度反映了地球上各种事物的形态和分布，真实地反映了地质、地貌、土壤、植被、水文、人工构筑物等地物的特性，全面揭示了地理事物之间的相互关系。此外，这些数据在时间维度上表现出一致的时效性。

五、遥感发展简史

艾弗林·普鲁伊特，来自美国海军研究所，是"遥感"这一词汇的最初使用者。1961 年，在美国国家科学院和国家研究理事会的支持下，密歇根大学的威罗·兰实验室成功举办了一场名为"环境遥感国际讨论会"的活动。此后，遥感作为一门新兴学科，在全球范围内得到了迅猛发展。

（1）这是一个没有任何记录的地面遥感时期。

（2）在地面遥感的记录阶段。探测目标的记录和成像技术起源于摄影技术的进步，并随着望远镜的结合逐渐演变为远程摄影技术。

（3）在空中进行的遥感摄影阶段。

（4）在航空遥感时期。

目前存在的卫星遥感系统（不包括科学实验、海洋遥感卫星和军事卫星）主要可以被分类为气象卫星、资源卫星以及测图卫星这三大类。目前，卫星遥感技术已经取得了显著的进展，无论是从实验到应用，还是从单一学科到多学科，从静态到动态，从区域到全球，从地表到太空，都证明了遥感技术已经发展到了一个相当成熟的阶段。随着遥感科技不断进步，其应用范围和深度也在不断扩大，同时遥感探测技术也逐渐走向实用化、商业化以及国际化的方向。

第二节　遥感信息获取

一、遥感物理基础

（一）电磁波和电磁波谱

遥感信息的采集是通过收集、探测和记录地物发射或反射的电磁波特性来实现的。在自然界中，任何温度超过绝对零度的物体都会释放电磁波。电磁波是一种横向波动，以电磁场的振动形式在真空或物质环境中传播电磁能量。在电磁波的影响下，空间中的电场矢量和磁场矢量都会发生振动。电场矢量与磁场矢量是相互垂直的，并且都与电磁波的传播方向垂直。电磁波的生成途径包括能级跃迁（即"发光"现象）、热辐射和电磁振荡等多种方式，因此电磁波的波长范围相当广泛，构成了一个完整的电磁波谱。

在遥感科技领域，电磁波通常通过波长来描述，单位包括 Å（埃）、nm（纳米）、μm（微米）和 cm（厘米）等。在当前的遥感技术中，所使用的电磁波段只是电磁波谱的一小部分，主要集中在紫外、可见光、红外和微波等波段。根据所采用的电磁波光谱范围，遥感技术可以分为三大类：可见光/反射红外遥感、热红外遥感和微波遥感。

在可见光和反射红外遥感技术中，观察的电磁波主要来自太阳，太阳发出的电磁波峰值约为 0.5 μm。地表目标的反射率在很大程度上依赖于可见光/反射红外遥感的数据。换句话说，通过观察反射率的不同，能够获取关于目标物的详细信息。激光雷达是一个特殊情况，其辐射源实际上是装置自身。在热红外遥感技术中，观察到的电磁波辐射源主要是目标物体。在微波遥感技术中，观察到的电磁波辐射源主要分为被动目标物和主动雷达。在被动微

波遥感中，我们观察目标物体的微弱辐射；在主动微波遥感中，我们关注目标对雷达发出的微波信号的散射强度，即后向散射系数。

（二）太阳辐射及其影响因素

遥感信息的采集是通过收集、探测和记录地物发射或反射的电磁波特性来实现的。空间信息收集子系统主要由辐射源、大气流动路径、目标和传感器这四个核心组成部分构成。

被动系统接收的电磁波辐射信息由以下几个关键因素决定：① 目标的反射或发射的波谱特性；② 外部辐射源（在环境遥感中，尤其是太阳）的光谱特征；③ 介质（大气）具有吸收、透射、反射、散射和发射辐射的各种特性；④ 外部辐射源与目标及传感器的相对定位关系，如太阳的高度角等；⑤ 传感器的属性。在遥感技术中，第一个因素构成了识别目标的基础，而第二到第五个因素则导致遥感信息中的误差和畸变，主要集中在辐射畸变和几何畸变两个方面。在地球的生态环境中，太阳无疑是最主要的辐射源。目前，太阳已成为航天、航空领域可见光和近红外遥感设备的主导辐射源。

（三）大气对太阳辐射的影响

太阳辐射的电磁波进入地面以及地面反射或发射的电磁波都必须穿过大气层才能到达传感器，因此，电磁波必然会受到大气层的影响和干扰，主要包括：① 大气对电磁波的反射：当太阳发出的电磁波穿越大气层时，部分电磁波会被反射回宇宙空间；② 大气对电磁波的吸收：由于电磁辐射与大气之间的交互作用，部分辐射能量会被吸收，而吸收的程度与气体的组成及不同电磁辐射频段密切相关；③ 大气对电磁波的散射现象：电磁辐射能量与大气的互动导致了辐射能量的散射；④ 大气窗口。在太阳辐射传播过程中，由于大气衰减，不同频段的辐射透过率存在差异。大气窗口指能够穿越大气层的电磁频段。随着遥感技术的不断进步，大气窗口的研究日益精细，因为传感器的工作波段必须根据大气窗口选择，否则仪器将无法接收地面物体传来

的电磁波信息。

（四）地物的波谱特性

利用遥感技术探测地面物体，主要基于这些物体对电磁波的反射、吸收和发射行为。对地物波谱辐射特性进行深入研究，能为选择多波段遥感的最佳波段及遥感图像的解读提供关键参考。

地物的电磁波频谱构成了地物遥感信息的基础展现方式。在相同的时间和空间条件下，物体辐射、反射、吸收和透射电磁波的特性是与波长有关的函数。当我们将物体或现象的电磁波特性以曲线方式展现时，这就是地物电磁波波谱，通常称为地物波谱。由于各种物体在组成、内部构造、表面状况及时间和空间条件上的差异，它们在辐射、反射、吸收和透射电磁波方面的表现各不相同，呈现出不同的波谱曲线形状。物体的色调、光泽和某些物理属性由其波谱曲线的不同形态决定。因此，我们依据波谱曲线确定的图像特性来鉴别物体属性，以此作为遥感技术的理论支撑。这也是遥感理论基础研究的一个重要组成部分。

目前，地物波谱测量主要可分为反射波谱、发射波谱和微波谱貌。从遥感技术的应用视角和研究深度来看，可见光和近红外区域的反射波谱特性是应用最广泛、研究最深入的。

二、遥感平台及其运行特点

遥感平台是一种装有遥感器的飞行器，主要功能是安装各种遥感设备，以便从特定高度或距离探测地面目标，并为这些目标提供必要的技术支持和工作环境，是一个装有遥感器并能执行遥感任务的设备载体。

考虑到遥感的目标、技术属性（如观测高度、距离、范围、周期、使用寿命和操作模式等），遥感平台可以大致分类为：① 地面遥感平台，如固定的遥感塔、可移动的遥感车、舰船等；② 航空遥感平台（空中平台），如各

种固定翼和旋翼式飞机、系留气球、自由气球、探空火箭等；③ 航天遥感平台（空间平台），如各种不同高度的人造地球卫星、载人或不载人的宇宙飞船、航天站和航天飞机等。

在环境和资源的遥感应用领域，航天遥感的主要数据来源为人造卫星。在各种高度的遥感设备上，能够获取不同面积和分辨率的遥感图像信息。在遥感的实际应用中，这三种设备可以相互补足和协同工作。这些遥感平台在技术性能、工作模式和技术经济效果上有所不同，共同构建了一个多层次、多维度的现代遥感信息采集系统，为完成各种专题、综合、区域或全球范围内的静态或动态遥感任务提供坚实的技术支撑。

卫星作为航天遥感的核心平台，其轨道因独特的形态而存在多种命名方式。如果一个轨道的运行周期与地球的自转周期相匹配，这样的轨道被称为地球同步轨道，其轨道高度为 35 786 公里。特别是当轨道的倾斜角 $i=0$ 时，从地球上观察卫星，卫星在赤道上的某一点似乎是静止的，这样的轨道被称为静止轨道。静止轨道可以长时间观察特定区域，并同时纳入大范围视野，因此在气象卫星和通信卫星中得到了广泛应用。太阳同步轨道指卫星的公转方向和周期与地球的公转方向和周期一致的轨道。利用这一特定轨道设计，卫星在圆形轨道下每日沿同一方向移动，且在相同纬度和地点的入射角几乎恒定。这为使用太阳反射光的被动遥感器提供了固定观测条件。这颗卫星在一天内绕地球数圈，未返回原始轨道，而是每天在推动 N 天后重新回到原始轨迹，这种现象称为 N 天的"回归轨道"；所谓的准回归轨道是指卫星围绕地球 n 圈过程中，与原始轨迹的位置偏差小于成像带宽。这些轨道的显著特性是能够对地表特定区域进行多次观测，因此是遥感卫星常用的轨道。卫星轨道参数是决定卫星遥感方法的关键，这些参数描述了卫星的运行轨迹。对地球卫星而言，存在六个独立的轨道参数，分别是轨道半长轴 A（椭圆轨道的长轴）、偏心率 e（椭圆轨道的偏心率）、轨道倾角 i、升交点赤经 h（轨道上从南到北从春分点到升交点的弧长）、近地点幅角 h（轨道面内近地点与升交点之间的地心角）及过近地点时刻 t（以近地点为基准表示轨道面内卫星

位置的量）。然而，人们通常使用轨道的高度、倾角和周期进行描述。

如今，市场上有大量商业化的卫星数据，这些数据在空间和光谱分辨率上从米级逐渐提升到厘米级，能够满足各种遥感应用的需求。

三、遥感传感器及其成像原理

遥感传感器是一种用于收集、探测和记录地物电磁波辐射信息的设备。传感器性能直接影响遥感能力，包括对电磁波段的响应能力、空间分辨率、图像的几何特征，以及获取地物信息的大小和可靠性。传感器一般由四个主要部分构成：收集器、探测器、信号处理设备和输出设备。收集器由透射镜、反射镜和天线等部件组成；探测器主要用于测定电磁波的性质及其强度。标准的信号处理设备主要包括负荷电阻和放大器；输出内容涵盖影像胶片、扫描图、磁带记录及波谱曲线等多种形式。根据工作频段，所使用的传感器类型也会有所不同。

微波辐射计、电磁测量仪和重力测量仪傅里叶光谱仪等遥感传感器，根据工作波段不同，其适用的传感器类型也会有所区别。摄影机主要应用于可见光波段。红外扫描器和多谱段扫描器不仅能捕捉可见光波段，还能捕获近紫外和红外波段的数据，而雷达主要应用于微波波段。

根据遥感传感器是否携带电磁波发射源，可以将其分类为主动（有源）和被动（无源）两种类型的遥感传感器。常见的遥感传感器可根据主动和被动特性进行分类。主动式遥感传感器向目标物体发射电子微波，随后收集目标物体反射回的电磁波。目前，主动式遥感传感器主要依赖激光和微波作为辐射源；被动式遥感传感器则专门用于收集太阳光反射和目标自身发出的电磁波，这些传感器主要在紫外、可见光、红外和微波等不同波段工作。目前，这类传感器在太空遥感传感器中占据了主导地位。

根据遥感传感器记录的数据类型，可以将遥感传感器分类为成像遥感传感器和非成像遥感传感器，其中成像遥感传感器能够捕捉地表的二维影像，而后者并不生成二维图像。成像传感器可进一步细分为摄影式成像遥感传感

器（即相机）和扫描式成像遥感传感器。相机作为最古老且常用的遥感传感器，拥有大量信息存储能力、高空间分辨率、良几何保真度和便于处理的特点。遥感传感器的扫描技术可分为两大类：空间扫描和物体空间扫描。电视摄像机是前一种方式的典型代表，而激光扫描仪则是后一种方式的典型代表。推帚式扫描仪（也称为固体扫描仪或 CCD 摄影机）结合了两种技术：一种是在垂直移动方向上进行图像平面的扫描，另一种是在移动方向上进行目标平面的扫描。在光学领域，从可见光到红外区的遥感传感器被统称为光学遥感传感器，而在微波领域的传感器则被称为微波遥感传感器。

光学遥感传感器的数据中特有的性质包括光谱特性、辐射度量特性和几何特性，这三者共同决定光学遥感传感器的整体性能。

（1）光谱特性涵盖遥感传感器能够观察到的电磁波波长区间及各通道的中心波长等信息。在使用胶卷型遥感传感器时，其光谱特性主要受所用胶卷的光敏性和滤光片透射特性的影响；在使用扫描型遥感传感器时，其性能主要取决于使用的探测部件和分光部件的特点。

（2）光学遥感传感器的辐射度量特性包括探测精度（亮度绝对精度和相对精度）、动态范围（可测量的最大信号与遥感传感器可检测的最小信号之比）、信噪比（有意义信号功率与噪声功率之比）等方面。此外，还包括将模拟信号转换为数字信号时产生的量化等级和量化噪声。

（3）几何特性描述通过光学遥感传感器捕获图像中的几何属性，主要测量指标包括视场角、瞬时视场和波段间的配准等。视场角是遥感传感器能感知光线的空间范围，也称立体角；瞬时视场描述探测系统在特定瞬时视场辐射到成像仪中的整体辐射通量，而不考虑该瞬时视场内存在的不同性质的目标数量。换句话说，遥感传感器无法识别小于瞬时视场的目标。因此，即时视场通常被称为传感器的"空间分辨率"，即该传感器能识别的最小目标尺寸；通过波段配准，我们可评估基准波段与其他波段间的位置偏移。

这是一个标准传感器。目前，在航天遥感领域，扫描式主流传感器主要分为两大类：一是光机扫描仪，二是扫帚式扫描仪。

（1）光机扫描仪是一种机械扫描型辐射计，主要功能是对地面的辐射进行分光和观测。该扫描仪将卫星飞行方向与旋转镜的摆动镜进行垂直飞行方向的扫描相结合，获取二维相关信息。该遥感器主要由采光、分光、扫描、探测部件及参考信号等多部分组成。光机扫描仪配备的平台包括极轨卫星和飞机上的多光谱扫描仪、专题成像仪和气象卫星上的甚高分辨率辐射计等。这类遥感传感器相较于推帚式扫描仪，具有更宽的扫描带、更小的采光视角、更小的波长位置偏差和更高的分辨率等优势，但其信噪比低于像面扫描方法的推帚式扫描仪。

（2）扫帚式扫描仪，亦称刷式扫描仪，是一种以线列或面阵探测器为敏感组件的设备。这些线列探测器在光学焦面上按照与飞行方向垂直的方式进行横向排列。当飞行器完成纵向扫描并向前飞行时，这些排列的探测器会像刷子一样扫出一条带状轨迹，获取目标物的二维信息。光机扫描仪使用旋转镜进行扫描，每个像元都有一个像元用于采光，而扫帚式扫描仪则是通过光学系统一次获取一条线的图像，然后由多个固体光电转换元件进行电扫描。推帚式扫描仪是新一代遥感器扫描技术的代表。与光机扫描不同，人造卫星上的推帚式扫描仪在结构上具有更高的可靠性，因此，在各种先进的遥感传感器中得到了广泛应用。然而，由于使用多个感光元件将光转化为电信号，导致在感光元件间灵敏度不高时，常会产生带状噪声。因此，线性阵列遥感器通常采用电荷耦合器件（CCD）。

修改后的文字如下：

第三节　遥感技术应用

一、遥感技术在测绘领域中的应用

随着遥感技术、空间科技及数字图像处理技术的快速发展，遥感技术已

经进入了一个全新的发展阶段，并在国民经济的多个方面得到了广泛应用。遥感技术与测绘技术，特别是摄影测量技术，有着非常紧密的联系。这包括遥感图像的几何关系、遥感图像的粗、精处理、数字调和模型的应用、遥感图像目视判读的原理与方法、遥感信息专题制图技术、地形测量数据库和地理信息系统的建立等。不可否认，遥感技术的飞速进步和各类遥感图像，尤其是航天遥感图像，为测绘领域的进步提供了强大的推动力。航天遥感图像可以直接应用于地图制作，主要用于绘制、修订和修正中到小比例尺的地形图，生成影像地图、各种专题地图，并为地理信息系统提供实时的空间数据。

（一）利用航天遥感图像进行解析空中三角测量

根据摄影测量学的知识，空中三角测量的解析是基于航拍照片上的像点坐标和少量的地面控制点，通过计算机计算得出地面上加密点的大地坐标。在使用航天遥感图像进行空中三角测量的解析时，摄影测量学的方法基本上是可行的。然而，很多航天遥感图像缺乏足够的旁向重叠，只能在有限的区域范围内获得满足旁向重叠要求的区域图像。在这种情况下，要进行解析空中三角测量，就需要利用不同时期的遥感图像。此外，鉴于遥感图像的比例尺极小且覆盖范围广泛，像国家大地网点这样的地面控制点在此类图像上难以区分，而在野外进行的控制点测量显然是不合适的。因此，在进行空中三角测量的解析时，通常会在遥感图像上选择清晰的地物元素作为初始控制点，这些元素的坐标可以从多种不同的地图资料中获取。很明显，地图资料的准确性在很大程度上决定了加密点精度的高低。所以，在利用航天遥感图像对空中三角测量进行解析时，控制点坐标的属性是不可忽视的。

（二）利用航天遥感图像测制地形图

航天遥感图像在地形图制作中的应用，是基于航天遥感影像提供的平面定位、高度精确度和影像的分辨能力来决定的。目前，利用航天遥感图像技术能够制作中小比例尺的地图，这在一些偏远和经济困难地区的地图测绘工

作中，不仅能节约时间，还能降低成本，具有实际应用价值。

此外，通过结合航天遥感图像和航空照片来制作地形图，即利用卫星照片进行空中三角测量，从而提供制作地形图所需的几何信息，而航空照片则用于提取影像信息。该技术的核心步骤是：基于之前经过修正和放大的卫星照片，对单一的航空照片进行修正，并采用光学嵌入技术制作成像片的镶嵌图，然后将这些卫星照片与航空照片的图像结合起来，从而制作出地形图。

（三）正射影像地图

如果地图包含了图像内容、线条元素、数值基础以及图形装饰，那么这样的地图被称为影像地图。相较于传统的线画地图，影像地图提供了更为丰富和独特的信息内容，它不仅直观、易于阅读，而且制图速度快，成本也相对较低，因此在我国的经济社会建设中被广泛采用。

在制作这种影像地图时，如果精度要求不是很高，那么在选择纠正点时，应该尽量选择固定的地形地物，比如突出的山头、铁路和河岸的交点等。当在地形图上测量点位坐标时，初始的读数应从最近的公里格网开始，并根据地图的投影需求进行相应的投影转换。对于线画元素的标注和选择，应根据影像地图的实际应用来决定。通常，那些通过图像容易辨识的地理特征，如湖泊、河流、山脉和冰雪覆盖的区域，都不会使用线条符号来表示。对于那些可以清晰展示但图像模糊、难以理解的影像，可以采用特定的符号来表示，例如城市居民的外观、主要的交通路线和桥梁、主要的堤防等；对于影像中未显示的信息，可以通过特定的符号和注释来表示，例如河流的方向、高程点、边界和地理名称的标注等。

（四）地图的修测与更新

地形图不仅是国家测绘工作中最基础的图纸，而且也是进行国土普查、自然资源勘查以及国民经济建设等活动的关键参考资料。在地球的内部力量、外部影响以及人类活动的作用下，自然界的地形持续地经历着变化。因

此，地形图必须能够及时地展示这些变化，并据此进行必要的修正和测量。采用航天遥感图像来绘制地形图在经济和社会上都具有巨大的价值，特别是在高山偏远地带、沙漠和海湾，其意义尤为深远。

（五）"3S" 的综合应用

"3S" 实际上是遥感（RS）、地理信息系统（GIS）以及全球定位系统（GPS）的缩写形式。随着科技进步，"3S" 技术因其独特的技术属性越来越紧密地结合在一起。在资源和环境的动态监测、趋势预测、重大自然灾害的监测和预警，以及灾害评估和减灾策略的制定，以及城市和经济开发区的规划、开发和管理等多个方面，"3S" 都展现出了巨大的应用潜力。

1. RS 与 GIS 的结合应用

遥感（RS）图像为地理信息系统（GIS）提供了关键的地形数据。利用数字图像处理和模式识别等先进技术，我们对航天遥感数据进行了专题制图，目的是获取专题元素的基础图形（如点、线、面）数据和属性信息，从而为地理信息系统（GIS）提供图形化的信息。RS 与 GIS 之间深厚的内在联系，使得它们之间的发展形成了不可避免的结合。目前，这种结合主要用于地形测绘/DEM 数据的自动抽取、制图特征的提取、提升空间分辨率以及城市和区域规划和变化监测等多个方面。

2. RS 与 GPS 的结合应用

GPS 利用卫星定位技术，能够迅速且实时地确定地面上任何一个目标点的空间坐标。通过 RS 和 GPS 的联合应用，遥感图像处理所需的地面控制点将大幅减少，同时还能实时采集数据并进行处理。这使得遥感图像的应用信息能够直接进入 GIS 系统，为 GIS 数据的实时性提供了新的数据接口，从而加速了新一代遥感应用技术系统的自动化进程，以及作业流程和处理技术的变革。现阶段，RS 与 GPS 技术的融合主要用于地形复杂地区的地图绘制、地质探查、考古研究、导航系统、环境动态监控，以及军事侦察和指挥任务

等多个方面。

3. "3S"的综合应用

"3S"技术的综合运用是一种全新的方法，它充分发挥了各种技术的优势，能够迅速、准确且经济地为大众提供他们所需的相关信息。核心理念是通过 RS 提供最新的图像数据，通过 GPS 获取图像中的"骨架"位置信息，并利用 GIS 为图像处理和分析应用提供技术支持。这三者紧密结合，可以为用户提供精确的基础信息，包括图纸和数据。

大地震给人类社会造成的灾害是极其严重的。一次大地震发生后，抗震救灾工作的正确部署和迅速高效地实施，对于减轻地震灾害将发挥重要作用。将现代 RS（航空遥感或卫星遥感）技术和 GIS（地理信息系统）技术、GPS 技术应用于抗震救灾工作，可大大提高抗震救灾工作的科技水平，大大提高抗震救灾工作的效率，加快灾区恢复重建的速度，最大限度地减轻地震灾害造成的经济损失。一次大地震发生后，抗震救灾工作的正确部署和迅速高效率地实施，对于减轻地震灾害将发挥重要作用。应用 RS 和 GIS 技术在平时建立起地震重点监视防御区的综合信息数据库和信息系统.一旦发生大地震，应用 RS 和 GIS 技术迅速获取震区的各种信息，经过快速处理，可以获得地震灾害的各种信息；同时利用 GPS 直接获取震害信息和为专题震害信息定位。这些信息不仅可以为抗震救灾的部署提供重要依据，也可为各种救灾措施的实施提供信息支持，提高抗震救灾的效率，最大限度地减轻地震造成的损失。

二、遥感技术在农业中的应用

遥感技术在农业领域的运用主要体现在：通过遥感技术，我们能够对土地资源进行深入的调查和实时监控；我们能够鉴别各种农作物，估算它们的种植面积，并基于作物的生长状况来预测其产量；在农作物的成长阶段，遥感技术可以被用来评估其生长状况，并为其提供及时的灌溉、施肥和收获建

议；在农作物遭受损害的情况下，能够迅速进行预警并组织相应的防治措施。其主要应用主要集中在以下几个领域。

（一）农作物长势监测和估产

遥感技术以其客观和时效性为特点，能在短时间内连续捕获广泛的地面数据，这为农业状况的监测提供了独特的优势。

中国科学院成功构建了名为"中国农情遥感速报系统"的系统，该系统由五个主要子系统组成，包括作物生长状况的监测、主要农作物产量的预测、粮食产量的预测、时空结构的监测以及粮食供需平衡的预警。该系统能够实现全国范围内主要农作物生长状况的监测、单产的预测和估算、作物种植面积的提取、种植结构的变化监测、粮食总产量的分析计算、耕地复种指数的获取、农业气象的分析、农作物旱情的遥感监测等农情监测业务，并能获取全球主要农业国家的作物生长状况遥感监测和重点产粮国的总产预测等信息。

由农业部主导研发并开始运营的"国家农业遥感监测系统"能够周期性地对全国主要农作物的种植面积、生长状况、产量、草地的产草量、草地退化情况、农业土地资源、土壤湿度及农业灾害等关键农业动态信息进行监测和评估，从而为农业结构的优化、粮食安全的预警以及农业的宏观决策提供坚实的技术基础。

随着运行系统的完工和投入使用，它在科学地规划国家和地区的经济社会发展、制定农产品的进出口政策和计划、调整粮食市场、及时和合理地安排地区间的粮食运输调度、宏观指导和调整种植业结构、提高相关企业和农民的经营管理水平等方面都做出了积极的贡献。这标志着我国的作物生长状况监测和产量估计已经进入了一个新的阶段。

（二）精准农业

北京市农林科学院利用农业定量遥感技术反演农学参数，对作物的生长状况、营养成分、水分和墒情进行监测，并据此预测作物的产量和品质。结

合作物生长模型技术，他们开发了一种基于遥感技术的精确农业水分处方决策方法，这一研究成果填补了我国在这一领域的技术空白。

在精准农业作物信息遥感获取的理论和方法研究中，成功突破了关于作物生长状况、养分等关键信息的遥感获取技术。开发了一系列用于探测作物叶面积指数（LAI）、氮素、叶绿素和水分的仪器设备，并构建了一个基于多时相、多光谱和多角度的作物株型结构参数探测模型。这不仅提高了作物LAI和生长状况的遥感监测精度，还提出了基于红边特征和弱水汽吸收特征的植株水分光谱探测方法，以及作物冠层组分垂直分布梯度和营养诊断应用模型。

为了解决农田信息快速获取的瓶颈问题，构建了一个基于多平台、多源遥感信息融合的作物信息获取体系。提出了一种农学参量定量反演综合方法，该方法以星-机—地同步观测实验为基础、生化组分遥感填图为手段、作物C/N代谢平衡和优质均一化产品为应用目标。这种方法实现了遥感"面状信息"和地面"点状信息"的有机融合，显著提高了作物和土壤信息的获取精度和判读能力。

考虑到不同的生产环境，提出了一系列基于遥感技术的作物精准施肥算法，并开发了一个结合遥感技术和作物生长模型的作物精准肥水决策系统。该系统能够生成关于作物生长、旱情指数和产量预测的空间专题地图，并根据像元、农机操作单元、作业区域和地块制定精确的肥水管理决策。这为田间的精准管理提供了坚实的科学依据，并已连续多年进行精准农业的示范应用，取得了明显的节水、节肥和增产效果。

三、遥感技术在林业中的应用

遥感技术在林业领域的运用主要体现在能够进行森林资源的详细调查，以及对森林火灾和病虫害的实时监控。在我国云南腾冲地区进行的航空遥感实验中，通过对航拍图像的解读和分析，我们估算了该区域的森林覆盖面积

和储量。火灾对森林构成了巨大的威胁。根据数据显示，全球每年都有高达 20 万次的森林火灾发生，导致大约千分之一的森林资源损失。尤其在全球温度上升的背景下，森林火灾的风险显著提高。通过航空红外遥感技术的应用，我们不仅可以预测已经起火的火焰，还能探测到面积在 $0.1 \sim 0.3$ m² 范围内的火情，并能够及时预测那些因自燃而尚未起火的潜在火情。通过使用卫星遥感技术，我们能够在一次操作中检测到数千平方公里的区域内发生的森林火灾事件。在我国努力扑灭大兴安岭的特大森林火灾时，遥感技术发挥了至关重要的角色。通过使用近红外和中红外波段的遥感技术，我们能够检测到森林中的病虫害状况，并通过多时相的图像技术，达到对病虫害进行有效监控的目的。

以下是通顺后的段落，已尽量保留原有内容及结构并消灭错误：

（一）森林资源调查与动态监测

森林被视为主要的生物财富，以其广泛的分布和长时间的生长周期而著称。对森林资源进行调查意味着详细了解其数量、质量和分布模式，并获取关于森林植被种类、树木种类、林分分类、生长情况及适合种植的土地数量和质量的相关数据。由于受到人为和自然因素的共同影响，森林资源经常发生变动。因此，及时和准确地监测森林资源的动态变化，以掌握其变化规律，具有深远的社会、经济和生态意义。森林资源的遥感调查是基于遥感图像的特性，并结合其他参考资料，如地形图、森林区划图、土壤图等，通过目视解读或计算机自动识别技术来完成的。

（二）森林虫害的监测

森林中的虫害已成为妨碍林业持续增长的关键障碍。松毛虫的灾害主要发生在人迹罕至和交通困难的山区。传统的地面监测手段很难迅速、全面和客观地了解虫害的动态变化，导致我们不能及时实施防治措施，结果是每年

都在进行防治，仍会造成灾害。因此，开发和研究新型的虫情监控和预测技术成为减少灾害和消除灾难的关键任务。

通常情况下，森林虫害与 TM 图像之间的比值影像，如 TM5/4 和 TM7/4，显示出良好的相关性。通过将 TM 数据与数字地形数据相结合，我们可以准确地构建一个用于监测森林灾害的模型。遥感图像监测森林灾害的理论基础在于：当森林受到灾害的侵袭时，会在不同尺度上（如细胞、树枝、单株树、林分、生态系统）产生相应的光谱变化，表现为变色、黑斑症、失叶、树死以及森林生态系统树种组成的变化。因此，通过观察遥感影像的光谱特征异常，我们可以了解到森林受到病虫害的实际影响。近红外与中红外的波段对于森林灾害展现出了高度的敏感性，因此，它们成为监控森林灾害的关键光谱路径。

（三）森林火灾的遥感监测

在森林火灾监测领域，遥感技术得到了广泛应用。例如，在 1987 年大兴安岭发生火灾后，中国科学院的遥感卫星地面站迅速与美国陆地卫星控制中心建立了联系，成功地接收并处理了东西两个火灾区的火灾情况和火灾位置分布图。随后，每当卫星经过灾区几小时后，地面站都会将灾情的相关数据准确报告给灭火指挥部，这弥补了气象卫星和遥感飞机无法准确定位，以及飞机因火灾影响难以侦察的不足，对灭火救灾的指挥决策具有极高的价值。

四、遥感技术在地质矿产勘查中的应用

遥感技术为地质勘探和研究带来了前沿工具，为矿产资源的调查提供了关键的参考与线索，并为高寒、荒漠及热带雨林地区的地质研究提供了宝贵的数据。尤其是通过卫星遥感技术，为大规模乃至全球的地质研究创造了极为有利的环境。

（一）区域地质填图的应用

遥感技术在地质勘查中的运用，主要是通过遥感图像中的色调、形态、阴影等特征解读地质体的种类、地层、岩石性质、地质结构等信息，为地质区域的制图提供关键数据。

在区域地质调查中，区域地质填图被视为核心任务。为确保填图的高质量并实现计算机化绘图，我国在过去几年中，在某些省份和地区逐步采用了遥感技术进行 1:50 000、1:200 000、1:250 000 比例尺的地质填图研究。这种方法不仅节省了时间、精力和资金，还显著提高了填图速度，并确保了高质量。这为遥感技术在相关领域的广泛应用和执行提供了巨大的支持。

（二）地质矿产调查中的应用

遥感技术在矿产资源勘查中的运用，主要基于矿床的成因类型，结合地球的物理特性，寻找可能的成矿线索或缩小找矿范围。通过分析成矿条件，我们可以确定矿产勘查方向，并展望矿区的未来发展潜力。

通过对特定地区的遥感数据进行解读、分析，以及计算机信息的增强和提取处理，我们编制了各种比例尺的遥感地质解译图、成矿预测和找矿目标区的解译图。在综合物探、化探和地质资料后，我们对成矿构造、成矿规律、成矿条件和矿化蚀变进行了深入研究，并获得了新的见解。基于这些研究，我们建立了一套优选的遥感地质找矿模式，并确定了一系列具有巨大找矿潜力和社会经济价值的找矿目标区。青海柴达木盆地的南北边缘、甘肃的北山、西南的三江以及秦岭地区，都是进行常规地质研究时面临巨大挑战的区域。最近几年，利用遥感技术作为主导工具，在这些区域找到了有价值的找矿线索。

（三）工程地质勘查中的应用

在进行工程地质探查时，遥感技术被广泛应用于大型堤坝、工厂、矿山

及其他建筑项目的选址、道路路线选择，以及预测由地震和暴雨引发的灾难性地质事件。以山西大同的某电厂选址与京山铁路改线设计为例，通过对遥感数据的深入分析，我们发现了之前资料中未提及的潜在地质结构。因此，调整厂址和选择合适的铁路路线对确保工程质量和安全性发挥了至关重要的作用。在进行水文地质探查时，我们采用了多种遥感技术资料，特别是红外摄影和热红外扫描成像技术，确定该区域的水文地质状况、水资源丰富的地形位置，并识别含水层及判断水的充水断层。例如，在夏威夷群岛，美国利用红外遥感技术探测到超过 200 个地下水的露头，为该地区提供所需的淡水来源。

五、遥感技术在水文学和水资源研究中的应用

遥感技术不仅可以观察水体自身的特性和变化，还能为周围的自然地理条件和人文活动提供全面的信息。这为深入研究自然环境与水文现象之间的相互关系，以及揭示水在自然界中的运动和变化规律创造了有利条件。由于卫星遥感技术在自然界环境动态监测方面比传统方法更为全面、细致和精确，并能获取全球环境动态变化的大量数据和图像，使得它在研究区域水文过程、全球水文循环和水量平衡等关键水文问题上具有显著的优势。因此，在陆地卫星图像广泛应用的背景下，水资源遥感技术已成为最受关注的领域之一，并在水文学和水资源研究领域发挥了不可或缺的作用。

（一）水资源调查

应用遥感技术不仅可以准确地确定地表江河、湖泊和冰雪的分布、面积、水量和水质，对于地下水资源的勘查也具有很高的有效性。在青藏高原，通过对遥感图像的解读和分析，我们不仅对现存湖泊的面积和形态进行了更为精确的修正，还新探明了超过 500 个湖泊的存在。我国在利用陆地卫星数据分析和计算地表水资源方面的研究，已在山西、浙江和内蒙古等地区取得了

一定进展。

（二）水文情报的预报

水文情报的核心在于能够及时且准确获取所有相关水文要素的最新动态信息。过去，我们主要依赖野外实地考察和有限的水文气象站进行定位观测，导致控制各种要素的时空分布变得困难，特别是在自然环境恶劣、人口稀少的地方，获取相关数据更为困难。卫星遥感技术为我们提供了长时间的动态观测信息。在国际范围内，遥感技术已应用于旱情预测、融雪径流预测以及暴雨和洪水预测等多个方面。遥感技术不仅可以精确识别产流区域及其变动，还能监控洪水走势，研究洪水的扩散范围、受影响的面积及灾害的严重程度。

（三）区域水文研究

在进行区域水文研究时，国际上普遍采用遥感图像来创建流域下断面分类图，这有助于确定流域的多种形态参数、自然地理特征以及洪水预测模型的参数。此外，通过对多个遥感图像的解读和分析，我们还可以进行一系列区域水文的研究，包括区域水文分区、水资源的开发和利用规划、河流的分类、水文气象站的合理布局、选择代表性流域以及水文实验流域的进一步研究。

六、遥感技术在海洋研究中的应用

伴随航天技术、海洋电子技术、计算机科学和遥感技术的不断发展，卫星海洋学这一新兴学科应运而生。这个学科发展出了一整套从海洋状态的波谱分析到海洋现象的解读的完整理论和方法体系。相较于传统海洋调查方法，海洋卫星遥感展现了众多独到的优势：首先，它不受地理位置、气候或人为因素的制约，能够覆盖那些地理位置偏远、环境条件恶劣，或因政治因

素无法直接进行常规调查的海域。卫星遥感技术可全天候进行，而微波遥感则能在任何天气条件下进行。其次，通过卫星遥感技术，我们可以获得广阔的海洋图像，每个图像的覆盖区域可达数千平方公里。这对于海洋资源的全面调查、大规模地图绘制，以及环境污染监控都极为有益。第三，卫星遥感技术能够周期性监控大洋的环流、海面温度变化、鱼类迁徙及污染物流动等情况。第四，卫星遥感技术可以让我们获取大量海洋信息。第五，具备同步监测风速、流速、环境污染、海洋与大气的互动以及能量平衡等方面的能力。要对海洋现象进行全球范围的同步观察，唯有依赖海洋卫星遥感技术才能实现。目前广泛使用的海洋卫星遥感设备主要包括雷达散射计、雷达高度计、合成孔径雷达，以及微波辐射计、可见光/红外辐射计和海洋水色扫描仪等。

七、遥感技术在环境监测中的应用

现阶段，环境污染已逐渐成为多个国家面临的显著问题。借助遥感技术，我们能够迅速且广泛地监控水污染、大气污染、土地污染以及由这些污染引发的各种破坏和影响。在过去的几年中，我国已经通过航空遥感技术进行了多轮环境监测应用实验。

通顺后的文字如下：

（一）大气环境遥感

气溶胶的含量和多种有害气体是影响大气环境质量的核心因素。从城市环境角度看，城市热岛实际上也是一种大气污染的表现。

1. 大气气溶胶监测

气溶胶是指悬浮在大气中的各种液态或固态微粒，通常所说的烟、雾、尘等都是气溶胶。气溶胶不仅是一种污染物，还是多种有毒和有害物质的携带者，其分布状况在一定程度上揭示了大气污染的实际情况。为了测定气溶胶的含量，使用一种特定的设备，名为多通道粒子计数器，它可以显示大气

中气溶胶的水平和垂直分布情况。在此,我们仅探讨了遥感图像在分析大气中气溶胶含量方面的有效性。

通过遥感图像,我们可以清晰看到工厂排放的烟雾、火山喷发产生的烟柱、森林或草地失火时产生的浓烟,以及大规模尘暴的影像,这些都可以直接确定污染的大致范围。如果火山在正式喷发之前释放出烟雾,可以根据这些烟雾来预测火山活动期的到来;利用周期性的气象卫星图像,我们可以监控尘暴的动态,计算其移动速度,并预测尘暴的可能发生;结合卫星遥感技术,森林和草原的火灾能够被及时检测,从而将灾害造成的损失降到最低。此外,利用大比例尺的航空遥感照片,我们还可以研究城市烟囱的数量和分布模式,甚至可以根据烟囱产生的阴影长度来估算其大概的高度。

利用计算机辅助解释,我们还可以测量烟雾的浓度分布,进一步揭示其扩散模式,为制定相应的防护策略提供科学依据。烟雾的浓度实际上反映了单位体积空气中微粒的数量。当微粒的数量和浓度增加时,其散射和反射的电磁辐射能量也会增加,从而导致照片的灰度值增大,呈现出白色的色调;在微粒数量较少、浓度较低的情况下,照片的灰度值会减小,显示为灰色调。首先建立了烟雾浓度与影像灰度值之间的相关性模型,接着利用电子计算机对这些影像进行微密度的分割处理,从而能够绘制出烟雾浓度的等值线图。

2. 有害气体监测

有害气体通常是指在人为或自然环境下生成的,如二氧化硫、氟化物、乙烯和光化学烟雾等,这些气体对生物体具有毒性。在遥感图像中,有害气体是无法直接呈现的,我们只能通过植物对这些有害气体的敏感性作为间接的解释标志,推测某个地区的大气污染水平和特性。

通常情况下,在污染相对较轻的区域,植物受到的污染不明显,但其光谱的反射率却会有显著变动,这在遥感图像中主要体现为灰度的不同。正常生长的植物叶子对红外线的反射能力很强,因此吸收很少,这使得它们在彩色红外照片上的颜色变得鲜艳、明亮,例如臭椿是朱红色的,白杨是紫红色

的，柳树是品红色的。当叶子受到污染时，其叶绿素会受到损害，导致对红外线的反射能力减弱，这在彩色红外照片上表现为颜色变暗，例如白蜡树在受到污染后会变成紫红色，而柳树则是品红色并带有蓝灰色。除了对植物的颜色进行评估，我们还可以通过观察植物的外形、纹路和动态标记进行整体判断。

3. 城市热岛监测

城市热岛效应描述的是由于现代城市人口众多和工业高度集中，导致市中心的温度超过郊区，形成了一种特殊的小气候状况。热岛产生的热动力使得从郊区向市区吹来的局部风，将从市区扩散到郊区的污染空气重新送回市区，从而导致有害气体和烟尘在市区的滞留时间增加，进一步加重了市区的污染程度。因此，城市热岛不仅是热污染的简单表现，也是城市环境中一个至关重要且不可或缺的部分。红外遥感图像揭示了地表物体的辐射温度差异，能够迅速、直观且准确地展示热环境的信息，为研究城市热岛提供了重要依据。

通过红外遥感技术，我们可以获得地物的辐射温度数据，而城市热岛的特性则是基于气温来确定的。气温的变化受到多种因素的影响，但在大气的低层，气温与地面的辐射强度密切相关。普遍认为，气温、辐射温度与地表温度是相互补充的，它们都是研究热岛效应的重要参考。只需了解相对温度状况，就可以直接使用遥感图像的温度定标来读取辐射温度。经过修正的辐射温度可以转化为地表的实际温度。

（二）水环境遥感

在江河湖海等各种水体中，污染种类繁多。为了便于用遥感方法研究各种水污染，习惯上将其分为泥沙污染、石油污染、废水污染、热污染和富营养化等几种类型，表 7-1 列举了各种污染水体在遥感图像上的特征。这些影像特征是监测各种污染的依据。

表 7-1　水污染的遥感影像特征

污染类型	生态环境变化	遥感影像特征
泥沙污染	水体浑浊	在 MSS5 相片上呈浅色调，在彩色红外片上呈淡蓝、灰白色调，浑浊水流与清水交界处形成羽状水舌
石油污染	油膜覆盖水面	在紫外、可见光、近红外、微波图像上呈浅色调，在热红外图像上呈深色，为不规则斑块状
废水污染	水色水质发生变化	单一性质的工业废水随所含物质的不同色调有差异，城市污水及各种混合废水在彩色红外相片上呈黑色
热污染	水温升高	在白天的热红外图像上呈白色或灰白色的羽毛状，也称羽状水流
富营养化	浮游生物含量高	在彩色红外图像上呈红褐色或紫红色，在 MSS7 图像上呈浅色调
固体漂浮物		各种图像上均有漂浮物的形态

（三）土地环境遥感

土地环境遥感包括两个方面内容：一是对生态环境破坏的监测，如沙漠化、盐碱化等；二是对地面污染，如垃圾堆放区、土壤受损等的监测。

1. 生态环境监测

森林或草原的覆盖率被视为一个国家的关键国情指标。过去，由于多种客观或主观因素，人们收集的统计数据往往与实际情况存在较大偏差。然而，遥感图像为我们提供了相对准确的数据信息。通过分析多时相遥感图像，我们能够推断出沙漠化的发展趋势。沙漠区域基本上没有植被覆盖，但存在沙丘或沙链等形态特征，这使其与周边地区显著区分。通过比较多年的沙漠区域界线，我们可以了解沙漠的进退规律。在我国的黄土高原地区，沟壑交错，即便是高于地面分辨率的冲沟也能在图像中被清晰识别。

2. 土壤污染监测

通过植物的指示功能，我们可以对土壤污染进行监控。土壤酸碱性的变化以及某些化学元素的积累可能导致植物在颜色、形状和空间结构上出现异常，或者导致某些植物种类消失，但也可能出现其他独特的种类。基于这一

规律，我们可以逆向推导出土壤污染的种类及其严重程度。例如，钼元素的高度富集可能导致树木死亡，而非洲某地区的钼矿体正是通过其在原始森林中形成的"天窗区"植被被识别出来的。铀矿可能导致植物出现白叶病和矮化症，而瓦斯则可能引发植物的巨型化或开花异常。其他如锌、铜、硼、锰等矿体的相关指标植物，都是通过土壤这一中介来互相验证的。

3. 垃圾堆积区监测

城市中的生活垃圾和工业垃圾经常在指定垃圾场中累积，这些垃圾在航空遥感照片中可以清晰看到。它们的形状通常是圆锥状，并伴有阴影。如果垃圾堆积时间过长并覆盖大量植物，它们可能与山区难以区分，这需要基于实地考察做出决策。

八、遥感技术与 GIS 在洪水灾害监测与评估中的应用

洪水灾害是突发性自然灾害，发生突然，持续时间短，地理位置变化容易识别。然而，洪水灾害的预防和管理需要长期努力。遥感技术和地理信息系统作为先进的高科技手段，能够在洪水灾害研究的各个环节中得到直接应用，进行灾情监控、评估与分析。

目前，用于洪水灾害监控的遥感技术主要分为两大类：主动遥感技术和被动遥感技术。在我国，主动遥感技术主要采用机载侧视雷达的微波遥感技术，通过接收发射天线发出的回波信号识别地面物体。在洪水灾害监测中，主要采用的被动遥感技术是卫星遥感，根据不同监测平台，可进一步细分为资源卫星遥感和气象卫星遥感。

航空侧视雷达具有穿透云层探测地面目标的能力，并具备全天候监控功能，这是其最显著的特性和最大优点。其主要不足在于运营成本高，难以持续运作，通常仅在严重水灾或突发事件时使用。目前使用的航空雷达数据大多是模拟信号，通常通过目视解读技术进行分类和分析。

资源卫星具有出色的空间及光谱分辨能力，数据包含丰富的信息。然而，

资源卫星的时间分辨率相对较弱，且易受云层干扰，这使得在洪水发生时很难获取有效的资源卫星图像。因此，资源卫星的时间遥感技术通常用于灾前基本情况调查（如土地使用情况）和灾后程度评估。

气象卫星的显著特性是其高时间分辨率，两颗 NDAA 卫星能够在不同时间点连续过境四次，极大地增加了在洪水期间避免云层进行无云观测的机会。此外，其搭载的热红外通道也能对洪水灾害进行日夜不停的监控。尽管气象卫星的空间分辨率较低，但在洪水灾害的宏观观测中，它依然是日常业务操作的关键工具。

第八章　地理信息系统数据的
获取与处理

第一节　地理信息系统的数据源

地理信息系统的数据源是指建立地理信息系统数据库所需的各种类型数据来源。主要包括以下几类：

一、地图

各种类型的地图是 GIS 最主要的的数据源，因为地图是地理数据的传统描述形式，包含着丰富的内容，不仅含有实体的类别或属性，而且这些属性可以用各种不同的符号加以识别和表示。我国大多数 GIS 系统中，图形数据大部分来自地图，主要包括普通地图、地形图和专题图。

但由于地图具有以下特点，应用时需加以注意：

1. 地图存储介质的缺陷。地图多为纸质，由于存放条件的不同，都会存在不同程度的变形。在具体应用时，需对其进行纠正。

2. 地图现势性较差。由于传统地图更新需要的周期较长，导致现存地图的现势性常常不能完全满足实际需求。

3. 地图投影的转换。由于地图投影的存在，使得不同投影的地图数据在进行交流前，需要先进行地图投影的转换。

二、遥感影像数据

遥感数据是一种大面积、动态、近实时的数据源，是 GIS 的重要数据源。遥感数据含有丰富的资源与环境信息，在 GIS 的支持下，可以与地质、地球物理、地球化学、地球生物、军事应用等方面的信息进行信息复合和综合分析。

三、社会经济数据

社会经济数据是 GIS 的数据源，尤其是 GIS 属性数据的重要来源。

四、实测数据

各种实测数据，特别是一些 GPS、大比例尺地形图测量数据和实验观测数据等，常常是 GIS 的一个很准确的资料。

五、数字数据

随着各种 GIS 系统和数据共享工程的建立，直接获取数字图形数据和属性数据的可能性越来越大。数字数据成为 GIS 信息源不可或缺的一部分。

六、各种文字报告和立法文件

本书中的资料是指各行业、各部门的有关法律文档、行业规范、技术标准、条文条例等，如边界条约等，这些都属于 GIS 的数据。各种文字报告和立法文件在一些管理类 GIS 系统中有很大应用，如在城市规划管理信息系统

中，各种城市管理法规及规划报告在规划管理工作中起着重要作用。

七、扫描数字化

（1）扫描参数设置：扫描模式的设置、分辨率的设置、扫描范围的设定。

（2）矢量化：扫描后，由软件进行二值化、去噪音等处理，经常需要进行一些编辑，以保证自动跟踪和识别的进行；在软件自动进行跟踪和识别时，仍需要进行部分的人机交互，如处理断线、确定属性值等，有时甚至要人工在屏幕上进行数字化。扫描数字化是目前较为先进的地图数字化方式。

八、图像数据获取

对于遥感影像数据的获取，GIS 主要涉及使用扫描仪等设备对图件的高精度扫描数字化，或使用几何纠正、光谱纠正、影像增强、图像变换、结构信息提取、影像分类等技术，从遥感影像上直接提取专题信息，这属于遥感图像处理的内容。

对于摄影测量影像数据的获取如下。

1. 解析测图仪法

利用解析测图仪根据航空或航天影像对建立空间立体模型，直接测得地面三维坐标（x, y, z），并直接输入计算机，形成空间数据库，它不仅能记录三维坐标，还能通过计算机处理比例尺变形和其他制图变形。

2. 全数字摄影测量法

将航摄负片经扫描数字化，然后将扫描得到的数字化图像转入数字摄影测量软件内，可完成从自动空中三角测量到测绘数字线画地形图 DLG、数字高程模型.DEM、数字正射影像图 DOM、数字三维景观模型等 GIS4D 产品的全套生产作业流程。我国的全数字摄影测量系统 VirtuoZo 具有世界先进水平。若采用数码照相机，则可直接获得数字相片。

作为优秀的地理信息系统，应具有完善的数据输入模块，不仅能接收外来不同格式的空间数据，包括不同系统中不同格式的数据，也包括某些特定装置（如 GPS 设备）输出的数字数据以及网络数据等。

第二节 地理信息系统数据获取

GIS 数据获取的任务是将现有的地图、外业观测成果、航空照片、遥感图像和文本资料等转换成 GIS 可以处理与接收的数字形式，通常需要经过验证、修改、编辑等处理。数据获取是 GIS 项目中最昂贵的部分。空间数据获取是地理信息系统建设中首先要进行的任务。不同数据的输入需要采用不同的设备和方法。

一、属性数据的采集

属性数据又称为语义数据或非几何数据，是描述实体数据属性特征的数据，包括定性数据和定量数据。定性数据用来描述要素的分类或对要素进行标识，如行政区划名称、土地用途等。定量数据则说明要素的性质、特征或强度，如距离、面积、人口、产量、收入、流速、温度和高程等。

当属性数据量较小时，可以在输入几何数据的同时用键盘输入；但当数据量较大时，一般与几何数据分别输入，检查无误后再转入到数据库中。属性数据的录入有时也可以借助字符识别软件。

为了把空间实体的几何数据与属性数据联系起来，还必须在几何数据与属性数据之间建立公共标识符。标识符可以在输入几何数据或属性数据时手动输入，也可以由系统自动生成（如用顺序号代表标识符）。只有当几何数据与属性数据有共同的数据项时，才能将两者自动连接；当几何数据或属性数据没有公共标识码时，只有通过人机交互的方法，如选取一个空间实体，

再指定其对应的属性数据表来确定两者之间的关系，并自动生成公共标识码。

当空间实体的几何数据与属性数据连接后，就可以进行各种 GIS 操作与运算。当然，无论是在几何数据与属性数据连接之前还是之后，GIS 都应提供灵活而方便的手段，以对属性数据进行增加、删除、修改等操作。

二、几何数据的采集

在 GIS 的几何数据采集中，如果几何数据已存在于其他 GIS 或专题数据库中，那么只需经过转换装载即可；对于由测量仪器获取的几何数据，只需将测量仪器的数据输入到数据库即可。测量仪器获取数据的方法和过程通常与 GIS 无关，但许多 GIS 软件带有测量制图模块，其图形数据可直接用于 GIS 建库。对于矢量数据的获取，GIS 中的采集方法主要包括地图跟踪数字化和地图扫描数字化。

（一）手扶跟踪数字化输入

1. 手扶跟踪数字化仪

根据采集数据的方式，手扶跟踪数字化仪分为机械式、超声波式和全电子式三种，其中全电子式数字化仪精度最高，应用最广。按照其数字化版面的大小可分为 A0、A1、A2、A3、A4 等。

数字化仪由电磁感应板、游标和相应的电子电路组成。定点装置主要有笔式和光标式两种类型。常用的光标式定点装置是带有聚焦和十字丝的鼠标器，十字丝的定点指示需要数字化的点。鼠标器有 4 键和 16 键，每一个键的功能可通过软件应用来定义。4 键光标有线状排列和方块排列两种形式，16 键为十六进制的形式（即 0~9 和 A~F），其用法与 4 键光标相似。

2. 数字化

（1）设置手扶跟踪数字化仪的通信和参数。

（2）数字化。将数字化图件固定在图形输入板上，首先用鼠标器输入图幅范围和多个控制点的坐标，随后即可输入图幅内各点、线的坐标。

通过数字化仪采集的数据量小，数据处理软件也比较完备，但由于数字化速度较慢、工作量大、自动化程度低，数字化精度与操作员的操作有很大关系。因此，目前许多单位在大批量数字化时已不再采用它。

（二）扫描数字化输入

地图扫描数字化首先通过扫描仪将地图转换为栅格数据，然后采用栅格数据的矢量化技术追踪出线和面，使用模式识别技术识别出点和注记，并根据地图内容和符号关系，自动、半自动或人工为矢量数据赋属性值，建立数据库。

扫描仪是直接将图形（如地形图）和图像（如遥感影像、照片）扫描输入到计算机中，并以像素信息进行存储表示的设备。按所支持的颜色分类可分为单色扫描仪和彩色扫描仪；按采用的固态器件分为电荷耦合器件（CCD）扫描仪、MOS 电路扫描仪、紧贴型扫描仪等；按扫描宽度和操作方式分为大型扫描仪、台式扫描仪和手动式扫描仪。

第三节　地理信息系统数据处理

数据的处理和解释是非常重要的环节。所谓数据处理，是指对数据进行收集、筛选、排序、合并、转换、检索、计算以及分析、模拟和预测的操作，其目的在于将数据转换成便于观察、分析、传输或进一步处理的形式，为空间决策服务。

尽管随着数据的不同和用户要求的不同，空间数据处理的过程和步骤也会有所不同，但其主要内容包括数据编辑、比例尺及投影变换、数据编码和压缩、空间数据类型转换以及空间数据插值等，具体如下：

第一，编辑处理。包括图形数据的编辑、属性数据的编辑、图形的拼接和分割等。

第二，变换处理。包括投影变换、坐标变换、比例尺变换和几何校正等。

第三，编码和压缩处理。包括栅格数据的编码、矢量数据的编码、栅格数据的压缩以及冗余点的去除等。

第四，数据的插值。包括点的插值和区域的插值等。

第五，数据类型的转换。包括矢量向栅格的转换、栅格向矢量的转换以及系统间数据格式的转换等。

一、空间数据预处理

数据预处理主要是指对数据误差或错误的检查与编辑。通过矢量数字化或扫描数字化所获取的原始空间数据，往往不可避免地存在错误或误差，属性数据在建库输入时也难免会出现错误。因此，在对图形数据和属性数据进行处理之前，进行一定的检查和编辑是非常必要的。

（一）空间数据误差

图形数据和属性数据的误差主要包括以下几个方面：

（1）空间数据的不完整或重复：主要包括空间点、线、面数据的丢失或重复、区域中心点的遗漏以及栅格数据矢量化时引起的断线等。

（2）空间数据位置的不准确：主要包括空间点位的不准确、线段过长或过短、线段的断裂、相邻多边形节点的不重合等。

（3）空间数据的比例尺不准确。

（4）空间数据的变形。

（5）空间属性与数据连接有误。

（6）属性数据不完整。

（二）空间数据的检查

对于空间数据的不完整或位置误差，通常利用 GIS 的图形编辑功能进行处理，如删除（目标、属性、坐标）、修改（平移、拷贝、连接、分割、合并、整饰）和插入等。在发现并有效消除误差时，一般采用以下方法进行检查：

1. 目视检查法

目视检查法是指用目视检查的方法在屏幕上通过地图要素对应的符号展示数字化的结果，对照原图检查一些明显的数字化误差与错误，包括线段过长或过短、多边形的重叠和裂口、线段的断裂等；通过图形实体与其属性的联合显示，发现数字化中的遗漏、重复、不匹配等错误。

2. 叠合比较法

叠合比较法是空间数据数字化正确与否的最佳检验方法。将数字化的内容按与原图相同的比例尺绘制在透明材料上，然后与原图叠合在一起，在透光桌上仔细观察和比较。一般对于空间数据的比例尺不准确和空间数据的变形可以直接观察，对于空间数据的位置不完整和不准确，则需要用粗笔将遗漏和位置错误的地方明显标注出来。如果数字化的范围较大，分块数字化时，除检核一幅（块）图内的差错外，还应检核已存入计算机的其他图幅的接边情况。

3. 逻辑检查法

逻辑检查法是根据数据拓扑一致性进行检验的方法，将弧段连成多边形，检查数字化误差。许多软件可自动进行多边形节点的自动平差。此外，对属性数据的检查一般也最先用这种方法，检查属性数据的值是否超过其取值范围，以及属性数据之间或属性数据与地理实体之间是否有不合理的组合。对于等高线，需通过确定最低和最高等高线的高程及等高距来编制软件

检查高程赋值的正确性；对于面状要素，可以在建立拓扑关系时检查多边形是否闭合，或根据多边形与多边形内部点的匹配进行检查。

以上方法应综合利用。对于属性数据，通常是在屏幕上逐表逐行检查，也可以打印出来进行检查；此外，还可以编写检核程序，检查是否存在字符代替数字，数字是否超出范围等问题。

二、数据处理

（一）图形变换

在地图录入完成后，通常需要进行投影变换，以获得用户希望的参照系下的地图。进行各种投影的坐标变换的原因主要是输入时的地图采用一种投影，而输出的地图产品使用另一种投影。进行投影变换有两种方式，一种是直接应用投影变换公式进行变换，另一种是利用多项式拟合，类似于图像几何纠正。

1. 基本坐标变换

在投影变换过程中，有三种基本操作：平移、旋转和缩放。

2. 仿射变换

其一般的形式是被称为二维的仿射变换：

$$(X',Y') = \lambda \begin{bmatrix} a & b \\ c & d \end{bmatrix} \begin{bmatrix} X \\ Y \end{bmatrix} + \begin{bmatrix} T_X \\ T_Y \end{bmatrix}$$

仿射变换在不同方向上可以有不同的压缩和扩张，可以将球体变为椭球体，将正方形变为平行四边形。

此外，还有双线性变换、平方变换、双平方变换、立方变换、高次变换等方法。高阶方程不仅要描述平面坐标系统之间的尺度、旋转和转换，还要考虑扭曲的影响。地图变换的控制点应均匀分布在地图上，并确保控制点位

置处的投影坐标和目标投影坐标已知。如果控制点的误差较大，则坐标转换无法进行，需要查找原因，并在重新计算匹配精度后再进行变换。

（二）图幅拼接

在对底图进行数字化后，由于图幅尺寸较大或使用小型数字化仪器时，难以将研究区域的底图以整幅形式完成，因此需要将整个图幅划分为几部分分别输入。当所有部分都输入完毕并进行拼接时，由于相邻图幅的边缘部分存在原图本身的数字化误差，导致同一实体的线段或弧段的坐标数据无法相互衔接。此外，坐标系统、编码方式等不统一时，常常会出现边界不一致的情况，需要进行边缘匹配处理。边缘匹配处理类似于后面提到的悬挂节点处理，可以由计算机自动完成，也可以辅助以手工半自动完成。

图幅的拼接总是在相邻两图幅之间进行。要将相邻两图幅的数据集中在一起，需要确保相同实体的线段或弧的坐标数据能够相互衔接，并要求同一实体的属性码相同，因此必须进行图幅数据的边缘匹配处理。具体如下。

1. 逻辑一致性的处理

由于人工操作的失误，相邻图幅的空间数据库在接合处可能出现逻辑裂隙。例如，一个多边形在一幅图层中具有属性 A，而在另一幅图层中属性为 B，此时必须使用交互编辑的方法，使相邻图斑的属性相同，从而实现逻辑一致性。

2. 识别和检索相邻图幅

将待拼接的数据按图幅进行编号，编号有两位数字，其中十位数指示图幅的横向顺序，个位数指示纵向顺序，并记录图幅的长宽标准尺寸。因此，当进行横向图像拼接时，总是将十位数相同的图幅数据收集在一起；进行纵向图幅拼接时，总是将个位数相同的图幅数据收集在一起。另外，图幅数据的边缘匹配处理主要是针对跨越相邻图幅的线段或弧，为了减少数据容量，提高处理速度，一般只提取图幅边界一定范围内的数据作为匹配和处理的目

标。同时要求图幅内空间实体的坐标数据已进行过投影转换。

3. 相邻图幅边界点坐标数据的匹配

匹配采用追踪拼接法，只要符合以下条件，两条线段或弧段即可匹配衔接：相邻图幅边界的两条线段或弧段的左右码各自相同或相反；相邻图幅同名边界点的坐标在某一允许值范围内（如±0.5 mm）。匹配和衔接时，以一条弧或线段作为处理单元，当边界点位于两个节点之间时，需分别取出相关的两个节点，然后按照节点之间线段方向一致性的原则进行数据的记录和存储。

4. 相同属性多边形公共边界的删除

当图幅内的图形数据完成拼接后，相邻图斑可能具有相同属性。此时，应将相同属性的两个或多个相邻图斑组合成一个图斑，消除公共边界，并合并共同属性。

多边形公共边界线的删除可以通过构成每一面域的线段坐标链，删除其中的公共线段，然后重新建立合并多边形的线段链表。

对于新多边形的属性表，有些属性如多边形的面积和周长需重新计算，有些属性可直接继承原图斑的属性。

除了由于图幅尺寸的原因，在 GIS 实际应用中，由于经常需要输入标准分幅的地形图，也需要在输入后进行拼接处理。这时，由于高斯投影分带等原因，通常需要先进行投影变换。

（三）图像纠正

此处的图像主要指通过扫描得到的地形图和遥感影像。由于遥感影像本身就存在几何变形，地形图受到介质及存放条件的限制，以及扫描过程中工作人员的操作误差等原因，图像可能会产生一定的变形，因此需要进行图像纠正。

对扫描得到的图像进行纠正，主要是建立要纠正的图像与标准地形图或其理论数值或纠正过的正射影像之间的变换关系。目前，主要的变换函数有仿射变换、双线性变换、平方变换、双平方变换、立方变换、四阶多项式变

换等。具体使用哪一种方法，则要根据纠正图像的变形状况、所在区域的地理特征及所选点数来决定。具体算法与图形变换基本相同。地形图和遥感影像的纠正过程及具体步骤如下。

1. 地形图的纠正

对地形图的纠正，通常采用四点纠正法或逐网格纠正法。

四点纠正法通常根据选定的数学变换函数，输入需纠正地形图的行、列号、比例尺、图幅名称等，生成标准图廓，并分别采集四个图廓控制点坐标来完成。

逐网格纠正法在四点纠正法无法满足精度要求时采用。这种方法与四点纠正法的不同之处在于采样点数量，逐方里网进行采点，即对每一个方里网，都要采点。

具体采点时，一般要先采源点（需纠正的地形图），后采目标点（标准图廓）；先采图廓点和控制点，后采方里网点。

2. 遥感影像的纠正

遥感影像的纠正通常选择与遥感影像比例尺相近的地形图或正射影像图作为变换标准，搭配合适的变换函数，分别在需纠正的遥感影像和标准地形图或正射影像图上采集同名地物点。

具体采点时，要先采源点（影像），后采目标点（地形图）。在选点时，要注意点的均匀分布，点不宜过多。如果在选点时没有注意点的分布或点太多，可能无法保证精度，反而会导致影像变形。此外，选点时应选择明显的固定地物点，如渠或道路交叉点、桥梁等，尽量避免选择河床易变动的河流交叉点，以免点的移位影响配准精度。

（四）图像解译

遥感影像的信息要进入 GIS，关键的一步是图像解译。图像解译是一个包含多个环节的复杂过程，这些环节包括对地理区域的基本了解、影像分析

的经验和技能，以及对影像特征的深入理解。有时，在图像解译之前，还需要进行图像增强处理。

图像解译通常基于对图像及其解译区域进行的系统研究，具体涉及图像的成像原理、成像时间、解译标志、地区的地理特征、地图、植被、气候学以及人类活动的相关信息。

遥感图像的解译标志多种多样，包括色调或色彩、大小、形状、纹理、阴影、位置及其相互关系等。色调被视为最基本的要素，因为如果没有色调变化，物体就无法被识别。大小、形状和纹理较为复杂，需要进行个体特征的分析和解译。而阴影、类型、位置和相互关系则最为复杂，涉及特征之间的相关关系。

遥感图像的解译方法主要有目视判读和计算机自动解译两种，其中自动解译又可分为监督分类和非监督分类。

（五）数据格式的转换

数据格式的转换主要分为两类：一类是不同数据介质之间的转换，例如将地图、照片、文字及表格等转化为计算机兼容的格式，主要通过数字化、扫描、键盘输入等方式实现；另一类是数据结构之间的转换，包括同一数据结构不同组织形式的转换和不同数据结构之间的转换。

同一数据结构不同组织形式的转换包括不同栅格记录形式之间的转换（如四叉树和游程编码之间的转换）和不同矢量结构之间的转换（如索引式和 DIME 之间的转换）。这些转换需要根据具体的转换内容和矢量、栅格数据编码的原理进行。

不同数据结构之间的转换主要包括矢量到栅格数据的转换和栅格到矢量数据的转换，具体方法可参考第二章中的相关内容。

（六）拓扑生成

在矢量结构表示方法中，地理实体可以用点、线、面来表示其特征，并

根据各特征间的空间关系解译更多信息。通过定义区域、连通性和邻接性，可以使用点、弧段的连接来定义弧段和多边形。这样，相邻多边形的公共边无需重复输入，且通过邻接性关系能识别各地理信息实体的相对位置，从而解译出多种信息。拓扑结构是明确这些空间关系的一种数据方法，用于表示要素之间的连通性或相邻性关系。

在图形数字化完成后，大多数地图需要建立拓扑关系以正确判别要素之间的拓扑关系。

1. 图形修改

在建立拓扑关系的过程中，需要纠正数字化输入过程中的一些错误，否则，建立的拓扑关系将无法正确反映地物之间的关系。以下六个准则可帮助发现拓扑错误：

（1）所有录入的实体都应正确表现。

（2）不应输入额外的实体。

（3）所有实体应在正确位置上，形状和大小正确。

（4）所有具有连接关系的实体应已连接。

（5）所有多边形应有一个标志点以识别。

（6）所有实体应在边界之内。

上述准则中，特别是第（5）条和第（6）条，主要是针对 ESRI 的 Arc/Info 软件。其他 GIS 软件因其具体实现的不同，可能会有差异。

由于地图数字化，特别是手扶跟踪数字化，是耗时且繁杂的人力劳动，因此在数字化过程中几乎不可避免地会出现错误。具体原因包括：

（1）遗漏某些实体。

（2）某些实体重复录入。由于地图信息是二维分布且信息量一般很大，因此准确记录哪些实体已录入、哪些未录入是困难的，这容易导致重复录入和遗漏。

（3）定位不准确。数字化仪分辨率可能造成定位误差，而人的因素，如

手扶跟踪数字化过程中手的抖动或图纸的移动，也是位置不准确的主要原因；更重要的是，在手扶跟踪数字化过程中，难以实现完全精确的定位。

在数字化后的地图上，错误的表现形式具体如下：

（1）伪节点。伪节点使一条完整的线变成两段，常常是由于没有一次录入完毕一条线。

（2）悬挂节点。如果一个节点只与一条线相连接，则称为悬挂节点，悬挂节点有多边形不封闭、不及和过头、节点不重合等几种情形。

（3）"碎屑"多边形或"条带"多边形。条带多边形一般由重复录入引起，由于前后两次录入同一条线的位置不可能完全一致，造成了"碎屑"多边形。另外，由于使用不同比例尺的地图进行数据更新，也可能产生"碎屑"多边形。

（4）不正规的多边形。不正规的多边形是由于输入线时点的次序倒置或位置不准确引起的。在进行拓扑生成时，同样会产生"碎屑"多边形。

上述错误通常会在建立拓扑过程中被发现，并需要进行编辑修改。一些错误如悬挂节点，可在编辑的同时由软件自动修改。通常的实现方法是设置一个"捕获距离"，当节点之间或节点与线之间的距离小于此数值后，即自动连接；而其他错误则需要进行手工编辑修改。

2. 建立拓扑关系

图形修改完成后，即可建立正确的拓扑关系。目前大多数 GIS 软件已具备自动构建拓扑关系的功能，但在某些情况下，如网络连通性分析，可能需要对计算机创建的拓扑关系进行手工修改。

正如拓扑的定义描述，建立拓扑关系时只需关注实体之间的连接、相邻关系，而节点的位置、弧段的具体形状等非拓扑属性则不影响拓扑的建立过程。

（1）多边形拓扑关系的建立

如果使用 DIME 或类似的编码模型，多边形拓扑关系的表达需描述以下

实体之间的关系：① 多边形的组成弧段；② 弧段左右两侧的多边形，弧段两端的节点；③ 节点相连的弧段。

多边形拓扑的建立过程实际上就是确定上述的关系。具体的拓扑建立过程与数据结构有关，但其基本原理是一致的。

（2）网络拓扑关系的建立

在输入道路、水系、管网、通信线路等信息时，为了进行流量及连通性分析，需要确定线实体之间的连接关系。网络拓扑关系的建立包括确定节点与连接线之间的关系，这个工作可以由计算机自动完成。但在某些情况，如道路交通应用中，一些在平面上相交的道路实际上并不连通（如立交桥），此时需要手工修改，将不连通的节点删除。

第四节　地理信息系统空间数据质量及其控制

空间数据质量是指 GIS 中空间数据（包括几何数据和属性数据）的可靠性，通常通过空间数据的误差来衡量。GIS 中数据质量的优劣直接影响系统分析质量及整个应用的成败。地理信息系统的价值在很大程度上取决于系统内所包含数据的数量与质量。

一、空间数据质量问题的产生

从空间数据的形式表达到生成，再到处理变换和应用，这些过程中都可能出现数据质量问题。按照空间数据自身存在的规律性，从以下几个方面来阐述空间数据质量问题的来源。

（一）空间现象自身的不稳定性

空间数据质量问题首先源于空间现象自身的不稳定性。空间现象的不稳

定性包括空间特征和过程在空间、专题和时间上的不确定性。空间现象在空间上的不确定性表现为位置分布的不确定性；在时间上的不确定性表现为发生时间段的游移性；在属性上的不确定性表现为属性类型划分的多样性和非数值型属性值表达的不精确性。因此，空间数据存在质量问题是不可避免的。

（二）空间现象的表达

空间数据是对现实世界中空间特征和过程的抽象表达。由于现实世界的复杂性和模糊性，以及人类认识和表达能力的局限性，这种抽象表达不可能完全达到真值，而只能在一定程度上接近真值。从这种意义上讲，数据质量问题的发生是不可避免的。例如，在地图投影中，从椭球体到平面的投影转换必然产生误差；用于获取原始数据的各种测量仪器都有一定的设计精度，如 GPS 提供的地理位置数据都有用户要求的设计精度，因而数据误差的产生是不可避免的。

（三）空间数据处理中的误差

在空间数据处理过程中，投影变换、地图数字化和扫描后的矢量化处理、数据格式转换、数据抽象、建立拓扑关系、数据叠加操作和更新、数据集成处理、数据的可视化表达等过程中都会产生误差。

（四）空间数据使用中的误差

在空间数据使用的过程中，也会导致误差的出现，主要包括两个方面：一是对数据的解释过程，二是缺少文档。对于同一种空间数据来说，不同用户对它的内容的解释和理解可能不同。解决这类问题的方法是对空间数据提供各种相关的文档说明，例如元数据。在某些应用中，用户可能根据需要对数据进行一定的删减或扩充，这对数据记录本身来说也是一种误差。缺少对某一地区不同来源的空间数据的说明，如缺少投影类型、数据定义等描述信息，往往导致数据用户对数据的随意性使用而使误差扩散。

二、研究空间数据质量问题的目的和意义

GIS 数据质量研究的目的是建立一套空间数据的分析和处理体系，包括误差源的确定、误差的鉴别和度量方法、误差传播的模型、控制和削弱误差的方法等。目的是使未来的 GIS 在提供产品的同时，附带提供产品的质量指标，即建立 GIS 产品的合格证制度。

从应用的角度，可将 GIS 数据质量的研究分为两大问题。当 GIS 录入数据的误差和各种操作中引入的误差已知时，计算 GIS 最终生成产品的误差大小的过程称为正演问题。而根据用户对 GIS 产品所提出的误差限值要求，确定 GIS 录入数据的质量称为反演问题。显然，误差传播机制是解决正反演问题的关键。

研究 GIS 数据质量对于评定 GIS 的算法、减少 GIS 设计与开发的盲目性都具有重要意义。如果不考虑 GIS 的数据质量，那么当用户发现 GIS 的结论与实际的地理状况相差较大时，GIS 将毫无价值。

三、空间数据质量体系

（一）空间数据质量的基本内容

1. 准确度

数据的准确度被定义为结果、计算值或估计值与真实值或公认真值的接近程度。空间数据的准确性通常根据位置、拓扑或非空间属性来分类，可用误差来衡量。

2. 精密度

数据的精密度指数据表示的精密程度，即数据表示的有效位数。它表现了测量值本身的离散程度。由于精密度实质上影响数据的准确度，且在许多

情况下，它可以通过准确度体现，因此常将二者结合在一起称为精确度，简称精度。

3. 误差

误差是指数据与真值的偏离。定义出记录测量与事实之间的准确性后，显而易见，多数数据数值并不准确。误差研究包括位置误差、属性误差、位置和属性误差之间的关系、误差的传播规律等。

4. 比例尺精度

比例尺精度定义为地图上 0.1 mm 所代表的实地水平距离，这是地图表示的极限。例如，在 1:10 000 比例尺的地图上，0.1 mm 宽度的线对应 1 m 的地面距离，因此，小于 1 m 宽度现象或特征要么舍弃要么综合。

5. 不确定性

不确定性是关于空间过程和特征不能被准确确定的程度，是自然界空间现象固有属性。GIS 不确定性包括空间位置的不确定性、属性不确定性、时域不确定性、逻辑不一致性及数据不完整性。在内容上，它是以真值为中心的一个范围，范围越大，数据不确定性越大。

（二）空间数据质量标准内容

GIS 使用数字化空间数据，因此涉及数字制图数据的标准。数字化制图数据质量标准，如线状、位置精度、属性精度、逻辑连贯性、完整性和时间精度，对每种元素均确立了检验其精度的标准。

空间数据质量标准要素及其内容如下：

（1）数据情况说明：要求对地理数据的来源、数据内容及其处理过程作出准确、全面和详尽的说明。

（2）位置精度或定位精度：为空间实体的坐标数据与实体真实位置的接近程度，常表现为空间三维坐标数据精度。它包括数学基础精度、平面精度、

高程精度、接边精度、形状再现精度（形状保真度）、像元定位精度（图像分辨率）等。平面和高程精度可分为相对和绝对精度。

（3）属性精度：指空间实体的属性值与其真值相符的程度。通常取决于地理数据类型，且常与位置精度有关，包括要素分类与代码的正确性、属性值准确性及其名称正确性等。

（4）时间精度：指数据的现势性，可以通过数据更新时间和频度来表现。

（5）逻辑一致性：指地理数据关系上的可靠性，包括数据结构、内容（空间特征、专题特征和时间特征），以及拓扑性质上的内在一致性。

（6）数据完整性：指地理数据在范围、内容及结构等方面满足要求程度，包括数据范围、空间实体类型、空间关系分类、属性特征分类等方面的完整性。

（7）表达形式的合理性：主要指数据抽象、数据表达与真实地理世界吻合性，包括空间特征、专题特征和时间特征表达的合理性等。

（三）空间数据质量评价标准

空间数据质量标准的建立须考虑空间过程和现象的认知、表达、处理、再现等全过程。在质量评定过程中，通常数据的精度或准确度越高越好，但在实际应用中并非如此。事实上，有些数据在实际应用中意义重大（如大地控制点等），其本身精度也可以很高，因此对这些数据精度要求也高；而另一些数据本身精度不可能很高，如不同土壤类型面积，由于界限模糊，面积相对，若要求高，则不可能实现。有的数据精度可以很高，但需花费大量人力、物力和时间才能达到，而生产或应用上并不要求很高。有些数据是动态甚至瞬间的，如人口数、耕地数等，对这些数据太精确没有必要，因为其精度仅具有瞬间意义。因此，在实际应用中应根据具体需求评定数据的质量。

空间数据质量的评价就是用空间数据质量标准要素对数据所描述的空间、专题和时间特征进行评价。

（四）研究 GIS 数据质量的常用方法

1. 敏感度分析法

一般而言，精确确定 GIS 数据的实际误差非常困难。为了从理论上了解输出结果如何随输入数据变化，可以通过人为地在输入数据中加上扰动值来检验输出结果对这些扰动值的敏感程度。然后根据适合度分析，由置信域来衡量由输入数据误差所引起的输出数据变化。

为了确定置信域，需进行地理敏感度测试，发现由输入数据变化引起输出数据变化的程度，即敏感度。这种研究方法得到的并不是输出结果的真实误差，而是输出结果的变化范围。对于某些难以确定实际误差的情况，这种方法行之有效。

在 GIS 中，敏感度检验一般有以下几种：地理敏感度、属性敏感度、面积敏感度、多边形敏感度、增删图层敏感度等。敏感度分析法是一种间接测定 GIS 产品可靠性的方法。

2. 尺度不变空间分析法

地理数据分析结果应与所采用的空间坐标系统无关，即尺度不变空间分析，包括比例不变和平移不变。尺度不变是数理统计中常用准则，一方面能保证不同方法得到一致结果，另一方面可在同一尺度下合理衡量估值精度。即，尺度不变空间分析法使 GIS 空间分析结果与空间位置参考系无关，以防由基准问题引起分析结果的变化。

3. Monte Carlo 实验仿真

由于 GIS 数据来源繁多，种类复杂，既有描述空间拓扑关系的几何数据，又有描述空间物体内涵的属性数据。对于属性数据精度，往往只能用打分或不确定度表示。对于不同用户，由于专业领域限制和需求，数据可靠性评价标准并不相同，因此，用一个简单固定不变统计模型描述 GIS 误差规律似乎

不可能。在对所研究问题背景不十分了解的情况下，Monte Carlo 实验仿真是一种有效方法。

Monte Carlo 实验仿真首先根据经验对数据误差种类和分布模式进行假设，然后利用计算机进行模拟试验，将所得结果与实际结果比较，找出与实际结果最接近的模型。对于某些无法用数学公式描述的过程，此方法可以得到实用公式，也可检验理论研究正确性。

4. 空间滤波

获取空间数据方法可能是不同的，既可以采用连续方式采集，也可采用离散方式采集。这些数据采集过程可以看成随机采样，其中包含倾向性部分和随机性部分。前者代表所采物体的实际信息，而后者由观测噪声引起。

空间滤波可分为高通滤波和低通滤波。高通滤波是从含有噪声的数据中分离出噪声信息；低通滤波是从含有噪声的数据中提取信号。经高通滤波可得到随机噪声场，然后用随机过程理论等方法求得数据误差。

对 GIS 数据质量研究，传统的概率论和数理统计是最基本的理论基础，同时还需要信息论、模糊逻辑、人工智能、数学规划、随机过程、分形几何等理论与方法支持。

四、常见空间数据的误差分析

空间数据误差的来源是多方面的，根据空间数据处理的过程，误差来源见表 8-2。

表 8-2　数据的主要误差来源

数据处理过程	主要误差来源
数据采集	地面测量误差：仪器、环境、操作者 遥感数据误差：辐射和几何纠正误差、信息提取误差等 地图数据误差：原始数据误差、坐标转换、制图综合及印刷
数据输入	数字化误差：仪器误差、操作误差 不同系统格式转换误差：栅格-矢量转换、三角网-等值线转换

续表

数据处理过程	主要误差来源
数据存储	数值精度不够：计算机字长 空间精度不够：每个格网点太大、地图最小制图单元太大
数据处理	拓扑分析引起的误差：逻辑错误、地图叠置操作 分类与综合引起的误差：分类方法、分类间隔、内插方法 多层数据叠合引起的误差传播：插值误差、多源数据综合分析误差 比例尺大小引起的误差
数据输出	输出设备不精确引起的误差输出的媒介不稳定造成的误差
数据使用	对数据所包含的信息的误解对数据信息使用不当

从广义上讲，在地理信息系统中，从获取原始数据到最终输出信息产品，中间过程包括数据的存储、管理、操作和分析。在此，将其分为数据源误差和数据处理误差两类来讨论。

（一）源误差

源误差是指数据采集和录入中产生的误差，主要包括如下几点。

1. 地面测量数据的误差

测量数据主要指使用大地测量、GPS、城市测量、摄影测量和其他一些测量方法直接测量所得到的测量对象的空间位置信息。这部分数据的质量问题主要是空间数据的位置误差，位置误差中含有控制测量误差和碎部测量误差。测量方面的误差通常考虑的是系统误差、偶然误差和粗差。系统误差采用实验方法校正或建立系统误差模型处理，偶然误差可采用随机模型进行估计和处理，粗差采用可靠性理论探测剔除。

2. 地图数字化的误差

地图数字化是获取矢量数据的主要方法之一，也是GIS中的重要误差源，是GIS数据质量研究的重点之一。在地图数字化中，原图固有误差和数字化过程中引入的误差是两个主要的误差源。

（1）地图原图固有误差

原图固有误差除含有上述地面控制测量和碎部测量的全部误差外，至少还含有制图误差，包括控制点展绘误差、编绘误差、绘图误差、综合误差、地图复制误差、分色板套合误差、绘图材料的变形误差、归化到同一比例尺所引起的误差、特征的定义误差、特征夸大误差等。

由于很难知道制图过程中各种误差间的关系以及图纸尺寸的不稳定性，因此，很难准确地评价原图固有误差。

（2）地图数字化过程的误差

数字化的精度主要受数字化要素对象、数字化仪的精度、数字化方式、操作员的水平、数字化软件的算法等的影响。

目前，在生产实践中多采用扫描数字化，然后屏幕半自动化跟踪。影响扫描数字化数据质量的因素包括原图质量（如清晰度）、扫描精度、扫描分辨率、配准精度、校正精度等。扫描数字化所引起的平面误差较小，只是在扫描数字化时，要素结合处出现的误差较大。

3. 矢量数据栅格化的误差

矢量数据栅格化的误差可分为属性误差和几何误差两种。

在矢量数据转换为栅格数据后，栅格数据中的每个像元只含有一个属性数据值，它是像元内多种属性的一种概括。例如，在陆地卫星图像上，每个像元对应的地面面积为 80 m × 80 m，像元的属性值是像元内各地物发射量的平均值。如果像元内有一部分物体的反射率很高，即使占像元的面积比例很小，对像元属性值的影响也很大，从而导致分类错误，且损失一些其他有用的信息。因此，像元越大，属性误差越大。

几何误差是指在矢量数据转换成栅格数据后所引起的位置误差，以及由位置误差引起的长度、面积、拓扑匹配等的误差。几何误差的大小与像元的大小成正比。其中，矢量数据表示的多边形网用像元逼近时会产生较严重的拓扑匹配问题。

4. 遥感数据误差

遥感图像获取、处理和解译过程均会产生空间位置和属性方面的误差。遥感数据的误差累积过程可以区分为数据获取误差、数据预处理误差、遥感解译判读误差等。

（二）数据处理误差

除了 GIS 原始录入数据本身带有的源误差外，空间数据在 GIS 的模型分析和数据处理等操作中还会引入新误差。主要误差来源包括几何纠正、坐标变换、几何数据的编辑、属性数据的编辑、空间分析（如多边形叠置等）、图形化简（如数据压缩）、数据格式转换、计算机截断误差、空间内插等。这类误差也最难以弄清，因为它不仅要求用户具有对数据的直接了解，而且也要熟悉数据的结构和计算方法。

在 GIS 的数据处理中，几何纠正、坐标变换、格式转换等的计算，除了计算机字长的影响外，在理论上可以认为是无误差的，因此，数据处理过程中的主要误差集中在与应用直接相关的处理中，如由计算机字长引起的误差、由拓扑分析引起的误差、数据分类和内插引起的误差、多边形叠置产生的误差等。

一般来说，源误差远远大于操作误差，因此，要想控制 GIS 产品的质量，良好的原始录入数据是首要的。

五、空间数据误差的传播

GIS 产品是利用含有源误差的空间数据，通过 GIS 分析操作产生的。在空间数据处理的各个过程中，误差还会累积和扩散，前一过程的累计误差可能成为下一个阶段的误差起源，从而导致新的误差的产生。源误差和操作误差通过 GIS 操作最后累积传播到 GIS 的产品中。考虑如下的 GIS 空间操作：$y = f(x_1, x_2, \cdots, x_n)$，其中，$x_i(i=1,2,\cdots,n)$ 为描述空间数据的自变量，它带有

源误差；y 为描述 GIS 产品的因变量；$f(x)$ 为描述 GIS 空间操作过程的数学函数，用以计算操作误差。根据 $f(x)$ 的特征，可以分成两类运算：算术运算和逻辑运算。

六、空间数据质量的控制

空间数据质量的控制是一个复杂的过程。要控制数据质量，应从数据质量产生和扩散的所有过程和环节入手，分别用一定的方法减少误差。空间数据质量控制常见的方法有如下几种。

（一）传统的手工方法

人工方法主要是将数字化数据与数据源进行比较，图形部分的检查包括目视方法、绘制到透明图上与原图叠加比较、属性部分的检查采用与原属性逐个对比或其他比较方法。

（二）元数据方法

元数据中包含了大量的有关数据质量的信息，通过它可以检查数据质量，同时元数据也记录了数据处理过程中质量的变化，通过跟踪元数据，可以了解数据质量的状况和变化。

（三）地理相关法

用空间数据的地理特征要素自身的相关性来分析数据的质量。例如，从地表自然特征的空间分布着手分析，山区河流应位于微地形的最低点，因此，叠加河流和等高线两层数据时，若河流的位置不在等高线的外凸连线上，则说明两层数据中必有一层数据有质量问题，如不能确定哪层数据有问题时，可以通过将它们分别与其他质量可靠的数据层叠加来进一步分析。因此，可以建立一个有关地理特征要素相关关系的知识库，以备各空间数据层之间地

理特征要素的相关分析之用。如桥或停车场等与道路应是相接的，如果数据库中只有桥或停车场，而没有与道路相连，则说明道路数据被遗漏，数据不完整。

数据质量控制应体现在数据生产和处理的各个环节。下面以地图数字化生成地图数据过程为例，说明数据质量控制的方法。数字化过程的质量控制主要包括数据预处理、数字化设备的选用、对点精度、数字化误差和数据精度检查等内容。

（1）数据预处理工作：主要包括对原始地图、表格等的整理、眷清或清绘。对于质量不高的数据源，如散乱的文档和图面不清晰的地图，通过预处理工作不但可以减少数字化误差，还可以提高数字化工作的效率。对于扫描数字化的原始图形或图像，还可以采用分版扫描的方法来减少矢量化误差。

（2）数字化设备的选用：主要根据手扶跟踪数字化仪、扫描仪等设备的分辨率和精度等有关参数进行挑选，这些参数应不低于设计的数据精度要求。一般要求数字化仪的分辨率达到 0.025 mm，精度达到 0.2 mm；扫描仪的分辨率则应不低于 0.083 mm。

（3）数字化对点精度（准确性）：是数字化时数据采集点与原始点重合的程度。一般要求数字化对点误差应小于 0.1 mm。

（4）数字化限差：限差的最大值分别规定如下：采点密度（0.2 mm）、接边误差（0.02 mm）、结合距离（0.02 mm）、悬挂距离（0.007 mm）、细化距离（0.007 mm）和纹理距离（0.01 mm）。接边误差控制，通常当相邻图幅对应要素间的距离小于 0.3 mm 时，可移动其中一个要素以使两者接合；当这一距离在0.3～0.16 mm时，两要素各自移动一半距离；若距离大于 0.6 mm，则按一般制图原则接边，并做记录。

（5）数据的精度检查：主要检查输出图与原始图之间的点位误差。一般对直线地物和独立地物，这一误差应小于 0.2 mm；对曲线地物和水系，这一误差应小于 0.3 mm；对边界模糊的要素，应小于 0.5 mm。

空间数据的采集与处理工作是建立 GIS 的重要环节，了解 GIS 数字化数

据的质量与不确定性特征，最大限度地纠正所产生的数据误差，对保证 GIS 分析应用的有效性具有重要意义。

第五节　空间数据的元数据

一、元数据基本概念

（一）元数据的定义

元数据是描述数据的数据。元数据并不是一个新的概念。实际上，传统的图书馆目录卡片、出版图书的版权说明、磁盘的标签等都是元数据。纸质地图的元数据主要表现为地图类型、地图图例，包括图名、空间参照系和图廓坐标、地图内容说明、比例尺和精度、编制出版单位和日期、销售信息等。在这种形式下，元数据是可读的，生产者和用户之间容易交流，用户通过它可以非常容易地确定该书或地图是否能够满足其应用的需要。

在地理空间数据中，空间元数据是地理空间数据和信息资源的描述性信息。它通过对地理空间数据的内容、质量、条件和其他特征进行描述与说明，以便人们有效地定位、评价、比较、获取和使用与地理相关的数据。空间元数据是一个由若干复杂或简单的元数据项组成的集合。如果说地理空间数据是对地理空间实体的一个抽象映射，那么可以认为，空间元数据是对地理空间数据的一个抽象映射。空间元数据和地理空间数据是对地理空间实体不同层次的描述，是对地理信息的不同深度的表达。

（二）元数据的内容

为了便于不同系统之间的空间数据和空间元数据的相互交换，许多机构

或组织对空间元数据所要描述的一般内容进行层次化和范式化,制定出可供参考与遵循的空间元数据标准的内容框架。

空间元数据标准由两层组成,第一层是目录层,它所提供的信息主要用于对数据集信息进行宏观描述,适合在数字地球的国家级空间信息交换中心或区域以及全球范围内管理和查询空间信息时使用。第二层是空间元数据标准的主体,它由八个基本内容部分和四个引用部分组成,其中基本内容部分包括标识信息、数据质量信息、数据集继承信息、空间数据表示信息、空间参考系信息、实体和属性信息、发行信息以及空间元数据参考信息等方面的内容;四个引用部分包括引用信息、时间范围信息、联系信息以及地址信息。

1. 标识信息

标识信息是关于地理空间数据集的基本信息。通过标识信息,数据生产者可以对有关数据集的基本信息进行详细的描述,例如数据集的名称、作者信息、所采用的语言、数据集环境、专题分类、访问限制等,同时用户也可以根据这些内容对数据集有一个总体的了解。

2. 数据质量信息

数据质量信息是对空间数据集质量进行总体评价的信息。通过这部分内容,用户可以获得有关数据集的几何精度和属性精度等方面的信息,也可以知道数据集在逻辑上是否一致以及它的完备性,这是用户对数据集进行判断以及决定数据集是否满足需要的主要判断依据。数据生产者也可以通过这部分内容对数据集质量评价的方法和过程进行详细的描述。

3. 数据集继承信息

数据集继承信息是建立该数据集时所涉及的有关事件、参数、数据源等的信息,以及负责这些数据集的组织机构信息。通过这部分信息,可以对建立数据集的中间过程有一个详细的描述,如当一幅数字专题地图的建立经过

了航片判读、清绘、扫描、数字地图编辑以及验收等过程时，应对每一过程有一个简要的描述，使用户对数据集的建立过程比较清晰，也使数据集每一过程的责任比较清楚。

4. 空间数据表示信息

空间数据表示信息是数据集中用来表示空间信息的方式的描述，例如空间数据类型、空间数据结构、矢量对象描述、栅格对象描述等内容，它是决定数据转换以及数据能否在用户计算机平台上运行的必需信息。利用空间数据表示信息，用户便可以在获取该数据集后对它进行各种处理或分析了。

5. 空间参考系信息

空间参考系信息是关于空间数据集地理参考系统与编码规则的描述，它是反映现实世界与地理数字世界之间关系的通道，例如，地理标识码参照系统、水平坐标系统、垂直坐标系统以及大地模型等。通过空间参考系中的各元素，可以知道地理实体转换成数字对象的过程以及各相关的计算参数，使数字信息成为可以度量和决策的依据。

6. 实体和属性信息

实体和属性信息是关于数据集信息内容的信息，包括实体类型及其属性、属性值、阈值等方面的信息。通过该部分内容，数据集生产者可以详细地描述数据集中各实体的名称、标识码以及含义等内容，用户也可以知道各地理要素属性码的名称、含义等。

7. 发行信息

发行信息是关于数据集发行及其获取方法的信息，包括发行部门、数据资源描述、发行部门责任、订购程序、用户订购过程以及使用数据集的技术要求等内容。通过发行信息，用户可以了解到数据集在何处、怎样获取，可以获取介质以及费用等信息。

8. 空间元数据参考信息

空间元数据参考信息是关于空间元数据的标准、版本、现时性与安全性等方面的信息，它是当前数据库进行空间元数据描述的依据。通过该空间元数据描述，用户可以了解到所使用的描述方法的实时性等信息，加深对数据集内容的理解。

9. 引用信息

引用信息是引用或参考该数据集时所需的简要信息，它自己不单独使用，而是被基本内容部分的有关元素引用。它主要由标题、作者信息、参考时间、版本等信息组成。

10. 时间范围信息

时间范围信息是关于有关事件的日期和时间的信息。该部分是基本内容部分的有关元素引用时要用到的信息，它自己不单独使用。

11. 联系信息

联系信息是同元数据集有关的个人或组织联系时所需的信息，包括联系人的姓名、性别、所属单位等信息。该部分是基本内容部分的有关元素引用时要用到的信息，它自己不单独使用。

12. 地址信息

地址信息是同组织或个人通信的地址信息，包括邮政地址、电子邮件地址、电话等信息。该部分是描述有关地址元素的引用信息，它自己不单独使用。

（三）元数据的作用

在地理信息系统应用中，元数据的主要作用可以归纳为如下几个方面。

（1）帮助数据生产单位有效地管理和维护空间数据、建立数据文档，并保证即使其主要工作人员离退时，也不会失去对数据情况的了解。

（2）提供有关数据生产单位数据存储、数据分类、数据内容、数据质量、数据交换网络及数据销售等方面的信息，便于用户查询、检索地理空间数据。通过元数据定义数据集被用于检索的相关信息，使得被查询的数据具有了一定的结构性，从而使查询更加准确和方便。

（3）帮助用户了解数据，以便就数据是否能满足其需求做出正确的判断。

（4）提供有关信息，以便用户处理和交换有用的数据。

（四）元数据的分类

1. 根据元数据的内容分类

由于不同性质、不同领域的数据所需的元数据内容各异，且为不同应用目的而建设的数据库的元数据内容会有很大差异，因此将元数据划分为三种类型。

（1）科研型元数据：主要目标是帮助用户获取各种来源的数据及相关信息。它不仅包括数据源名称、作者、主体内容等传统图书管理式元数据，还包含数据拓扑关系等。这类元数据旨在高效帮助科研工作者获取所需数据。

（2）评估型元数据：主要服务于数据利用的评价。内容包括数据最初收集情况、收集数据所用的仪器、数据获取的方法和依据、数据处理过程和算法、数据质量控制、采样方法、数据精度、数据可信度、数据潜在应用领域等。

（3）模型元数据：用于描述数据模型的元数据与描述数据的元数据结构大致相同。内容包括模型名称、模型类型、建模过程、模型参数、边界条件、作者、引用模型描述、建模使用软件、模型输出等。

2. 根据元数据描述对象分类

（1）数据层元数据：指描述数据集中每个数据点的元数据。内容包括日期邮戳、位置戳、量纲、注释、误差标识、缩略标识、问题标识、数据处理过程等。

（2）属性元数据：描述属性数据的元数据。内容包括数据字典、数据处理规则（协议），如采样说明、数据传输线路及代数编码等。

（3）实体元数据：描述整个数据集的元数据。内容包括数据集区域采样原则、数据库有效期、数据时间跨度等。

3. 根据元数据在系统中的作用分类

（1）系统层元数据：用于实现文件系统特征或管理文件系统中数据的信息，如访问数据的时间、数据的大小、在存储中的当前位置、数据块存储方式以保证服务质量等。

（2）应用层元数据：与用户查找、评估、访问和管理数据有关的信息，如文本文件内容的摘要信息、图形快照、描述与其他数据文件关系的信息。通常用于高层次的数据管理，帮助用户快速获取合适的数据。

4. 根据元数据的功能分类

（1）说明元数据：为用户使用数据服务的元数据。一般用自然语言表达，如源数据覆盖的空间范围、源数据图的投影方式及比例尺大小、数据集说明文件等。这类元数据多为描述性信息，侧重于数据库的说明。

（2）控制元数据：用于计算机操作流程控制的元数据。这类元数据由关键词和特定句法实现。内容包括数据存储和检索文件、检索中与目标匹配方法、目标的检索和显示、分析查询结果排列显示、根据用户要求修改数据库中原有的内部顺序、数据转换方法、空间数据和属性数据的集成、根据索引项将数据绘制成图、数据模型的建设和利用等。这类元数据主要与数据库操作方法有关。

二、空间数据元数据的获取与管理

（一）空间数据元数据的获取

空间数据元数据的获取是一个复杂过程，相对于基础数据的形成时间，

其获取可分为三个阶段：数据收集前、数据收集中和数据收集后。对于模型元数据，这三个阶段分别是模型形成前、模型形成中和模型形成后。

第一阶段元数据根据要建设的数据库内容设计，内容包括：

（1）普通元数据，如数据类型、数据覆盖范围、使用仪器描述、数据变量表达、数据收集方法等；

（2）专指性元数据，即针对特定数据的元数据，内容包括数据采样方法、数据覆盖区域范围、数据表达内容、数据时间、数据时间间隔、空间数据的高度（或深度）、使用仪器、数据潜在利用等。

第二阶段元数据随数据的形成而同步产生，例如在测量海洋要素数据时，测点的水平和垂直位置、深度、温度、盐度、流速、海流流向、表面风速、仪器设置等同时得到。

第三阶段元数据是在数据收集后根据需要产生的，包括数据处理过程描述、数据利用情况、数据质量评估、浏览文件的形成、拓扑关系、影像数据的指标体及指标、数据集大小、数据存放路径等。

空间数据元数据的获取方法主要有五种：键盘输入、关联表、测量法、计算法和推理法。各阶段使用的获取方法不同，第一阶段主要使用键盘输入和关联表法；第二阶段主要使用测量法；第三阶段主要使用计算和推理法。

（二）空间数据元数据的管理

空间数据元数据的管理理论和方法涉及数据库和元数据两方面。由于元数据内容和形式的差异，其管理与数据涉及的领域相关，通过建立在不同数据领域基础上的元数据信息系统实现。在元数据管理信息系统中，物理层存储数据与元数据，通过特定软件与逻辑层建立逻辑关系。概念层中，使用描述语言及模型定义诸多概念，如实体名称、别名等。通过这些概念及其限制特征与逻辑层关联，可获取和更新物理层的元数据及数据。此外，全球信息源字典采用两步实体关系模型管理元数据。

三、空间数据元数据的标准

随着人们对数字地理信息重要性的认识加深，元数据标准化逐渐成为共享地理信息的热点。研究元数据体系首先需要正确分析元数据的理论基础。元数据标准依赖于信息共享标准的理论，与许多自然学科交叉，并依赖现代科技发展。计算机是基础平台，网络是通信基础，没有数学模型和各学科的综合认识，也就难以利用遥感等技术研究地球机理。宏观上，地理信息标准化涉及许多领域；微观上，数字地理信息共享体系的理论包括地理信息的模型建立表示、空间参照系、质量体系以及计算机通信技术等方面的理论，它们是数据共享体系的基础。此外，能促进地理信息共享的理论将成为基于数字地球的元数据体系的有力支柱。

与物理、化学等学科的数据结构类型相比，空间数据是一种结构较复杂的数据类型，涉及对空间特征的描述、属性特征及其关系的描述，因此空间数据元数据标准的建立是一项复杂工作。由于种种原因，某些数据组织或数据用户开发的元数据标准难以为地学界广泛接受。然而，空间数据元数据标准的建立是空间数据标准化的前提和保证，只有建立规范的空间数据元数据，才能有效利用空间数据。目前，已形成一些区域性或部门性的空间数据元数据标准。

参考文献

［1］安庆，刘晓梅，褚喆. 测绘工程与测量技术研究［M］. 哈尔滨：哈尔滨出版社，2023.

［2］陈业远，魏成银，冯军平. 现代测量技术与测绘工程管理研究［M］. 长春：吉林科学技术出版社，2023.

［3］戴远盛. 工程测量及其新技术的应用研究［M］. 西安：西北工业大学出版社，2020.

［4］胡涛. 地理信息系统技术及应用研究［M］. 北京：中国水利水电出版社，2018.

［5］蓝善勇，周小莉，朱琳，等. 建筑工程测量［M］. 北京：中国水利水电出版社，2015.

［6］李爱民. 工程地理信息系统［M］. 郑州：黄河水利出版社，2023.

［7］李建林，秦孟君，殷海军. 公路工程与施工测量研究［M］. 哈尔滨出版社，2023.

［8］李如仁，李玲，刘正纲. 公众参与式地理信息系统的理论与实践［M］. 武汉：武汉大学出版社，2017.

［9］李文婷，朱丽巍. 水利工程测量技术研究［M］. 汕头：汕头大学出版社，2018.

[10] 李小军，陈恩星，杨棕. 测绘与地理信息系统技术研究［M］. 长春：吉林科学技术出版社，2023.

[11] 李志农. 风积沙工程特性及工程实践研究［M］. 上海：上海科学技术出版社，2018.

[12] 李祖锋. GNSS 工程控制测量技术与应用［M］. 北京：中国水利水电出版社，2017.

[13] 林珲，施迅. 地理信息科学前沿［M］. 北京：高等教育出版社，2017.

[14] 马刚，于亚杰，刘庚余. 地理信息系统建设与测绘技术应用研究［M］. 北京：文化发展出版社，2021.

[15] 潘燕芳. 地理信息系统技术［M］. 北京：中国水利水电出版社，2020.

[16] 齐秀峰，弓永利. 建筑工程测量教学设计与研究［M］. 郑州：黄河水利出版社，2018.

[17] 申强，杨成伟. 多传感器信息融合导航技术［M］. 北京：北京理工大学出版社，2020.

[18] 史建青. 工程测量与地理信息系统分析应用［M］. 长春：吉林大学出版社，2019.

[19] 孙汉群. 地理信息技术与地理教学的整合［M］. 南京：江苏人民出版社，2020.

[20] 魏斌，赵金云. 工程测量［M］. 北京：北京理工大学出版社，2020.

[21] 吴信才. 地理信息系统应用与实践［M］. 北京：电子工业出版社，2020.

[22] 向垂规. 现代水利工程测量技术应用与研究［M］. 北京：中国原子能出版社，2019.

[23] 杨爱明，马能武，张辛，等. 长距离调水工程测量服务系统关键技术研究与实践［M］. 武汉：长江出版社，2020.

[24] 杨浩. 相对变形测量工程实践与研究［M］. 郑州：郑州大学出版社，2016.

[25] 臧立娟，王凤艳. 测量学 [M]. 武汉：武汉大学出版社，2018.

[26] 张新长，辛秦川，郭泰圣，等. 地理信息系统概论 [M]. 北京：高等教育出版社，2017.

[27] 赵金生. 工程测量及其新技术的应用研究 [M]. 北京：中国大地出版社，2018.